走进大学
DISCOVER UNIVERSITY

什么是自动化？

WHAT
IS
AUTOMATION?

U0244447

王　伟　主审

王宏伟　王　东　夏　浩　编著

大连理工大学出版社

Dalian University of Technology Press

图书在版编目(CIP)数据

什么是自动化?/王宏伟,王东,夏浩编著.--大
连:大连理工大学出版社,2021.7(2023.2重印)
ISBN 978-7-5685-2998-3

Ⅰ.①什… Ⅱ.①王…②王…③夏… Ⅲ.①自动化
一普及读物 Ⅳ.①TP1-49

中国版本图书馆 CIP 数据核字(2021)第 071871 号

什么是自动化? SHENME SHI ZIDONGHUA?

策划编辑:苏克治
责任编辑:于建辉 李宏艳
责任校对:王 伟 周 欢
封面设计:奇景创意

出版发行:大连理工大学出版社
　　　　　(地址:大连市软件园路 80 号,邮编:116023)
电　　话:0411-84708842(发行)
　　　　　0411-84708943(邮购) 0411-84701466(传真)
邮　　箱:dutp@dutp.cn
网　　址:https://www.dutp.cn

印　　刷:辽宁新华印务有限公司
幅面尺寸:139mm×210mm
印　　张:5
字　　数:79 千字
版　　次:2021 年 7 月第 1 版
印　　次:2023 年 2 月第 2 次印刷
书　　号:ISBN 978-7-5685-2998-3
定　　价:39.80 元

本书如有印装质量问题,请与我社发行部联系更换。

出版者序

高考，一年一季，如期而至，举国关注，牵动万家！这里面有莘莘学子的努力拼搏，万千父母的望子成龙，授业恩师的佳音静候。怎么报考，如何选择大学和专业，是非常重要的事。如愿，学爱结合；或者，带着疑惑，步入大学继续寻找答案。

大学由不同的学科聚合组成，并根据各个学科研究方向的差异，汇聚不同专业的学界英才，具有教书育人、科学研究、服务社会、文化传承等职能。当然，这项探索科学、挑战未知、启迪智慧的事业也期盼无数青年人的加入，吸引着社会各界的关注。

在我国,高中毕业生大都通过高考、双向选择,进入大学的不同专业学习,在校园里开阔眼界,增长知识,提升能力,升华境界。而如何更好地了解大学,认识专业,明晰人生选择,是一个很现实的问题。

为此,我们在社会各界的大力支持下,延请一批由院士领衔、在知名大学工作多年的老师,与我们共同策划、组织编写了"走进大学"丛书。这些老师以科学的角度、专业的眼光、深入浅出的语言,系统化、全景式地阐释和解读了不同学科的学术内涵、专业特点,以及将来的发展方向和社会需求。希望能够以此帮助准备进入大学的同学,让他们满怀信心地再次起航,踏上新的、更高一级的求学之路。同时也为一向关心大学学科建设、关心高教事业发展的读者朋友搭建一个全面涉猎、深入了解的平台。

我们把"走进大学"丛书推荐给大家。

一是即将走进大学,但在专业选择上尚存困惑的高中生朋友。如何选择大学和专业从来都是热门话题,市场上、网络上的各种论述和信息,有些碎片化,有些鸡汤式,难免流于片面,甚至带有功利色彩,真正专业的介绍尚不多见。本丛书的作者来自高校一线,他们给出的专业画像具有权威性,可以更好地为大家服务。

二是已经进入大学学习,但对专业尚未形成系统认知的同学。大学的学习是从基础课开始,逐步转入专业基础课和专业课的。在此过程中,同学对所学专业将逐步加深认识,也可能会伴有一些疑惑甚至苦恼。目前很多大学开设了相关专业的导论课,一般需要一个学期完成,再加上面临的学业规划,例如考研、转专业、辅修某个专业等,都需要对相关专业既有宏观了解又有微观检视。本丛书便于系统地识读专业,有助于针对性更强地规划学习目标。

三是关心大学学科建设、专业发展的读者。他们也许是大学生朋友的亲朋好友,也许是由于某种原因错过心仪大学或者喜爱专业的中老年人。本丛书文风简朴,语言通俗,必将是大家系统了解大学各专业的一个好的选择。

坚持正确的出版导向,多出好的作品,尊重、引导和帮助读者是出版者义不容辞的责任。大连理工大学出版社在做好相关出版服务的基础上,努力拉近高校学者与

读者间的距离,尤其在服务一流大学建设的征程中,我们深刻地认识到,大学出版社一定要组织优秀的作者队伍,用心打造培根铸魂、启智增慧的精品出版物,倾尽心力,服务青年学子,服务社会。

"走进大学"丛书是一次大胆的尝试,也是一个有意义的起点。我们将不断努力,砥砺前行,为美好的明天真挚地付出。希望得到读者朋友的理解和支持。

谢谢大家!

苏克治

2021 年春于大连

前　言

　　如今的时代不仅是数字化、网络化和信息化的时代,而且是自动化的时代,自动化技术的应用领域已远远超出工业生产、航空航天、国防军事等传统领域范畴。随着科技的发展,自动化技术已经渗入了各行各业,例如,微电子、计算机、互联网、物联网、机器人、3D打印、云计算、高速列车、磁悬浮列车、智能手机、智能家电、智能交通、神舟飞船、纳米材料、量子技术、基因工程等。"忽如一夜春风来,千树万树梨花开。"自动化的身影无处不在,自动化的装置随处可见,到处都可以看到自动化系统在运行、在工作。尽管自动化得到了迅猛发展,但是什么是自动化? 自动化究竟是干什么的? 就业和未来深造前景如何? 未来发展如何? 这些问题依然困扰着广大莘莘学子

和自动化技术爱好者。

为此，根据新时代的新要求，我们编写了科普读物《什么是自动化？》一书。本书从一个故事引申出人类为什么进行自动化的研究，主要内容包括：第一，介绍了什么是自动化，其发展渊源、发展历程、核心内容、应用热点，了解自动化是什么；第二，介绍了自动化专业的特点、知识体系、专业分类方向，了解自动化学什么和干什么；第三，介绍了自动化的丰富多彩的应用，包括智能家居、汽车驾驶自动化、交通自动化、先进制造自动化、智能机器人、电力系统自动化和航天自动化等；第四，介绍了自动化专业人才培养、专业优势、毕业学生评价和具体案例；第五，展望了自动化的未来发展。

全书通俗易懂，深入浅出，图文并茂，突出科普性、趣味性、可读性，用通俗、有趣的语言讲述了自动化是什么、学什么和干什么。用讲故事的方式，通过熟悉的案例介绍了自动化及自动控制的基本原理、基本思想和应用情况；介绍了自动化专业的优势是什么，发展是什么，就业是什么，等等；介绍了自动化毕业生的职业发展规划。很多人都有自动化的梦想，我们用这本书尽力完整地阐述自动化专业的学习、就业和工作的历程。

本书中的"自动化概述""自动化的核心和灵魂——自动控制""自动化专业的人才培养与职业规划"由王宏伟编写，"丰富多彩的自动化"由王东编写，"自动化的未来大有可为"由夏浩编写。全书由王宏伟统稿、定稿，最后由王伟全面审核。编者力求能满足新时代国家对自动化专业的需要，使普通读者对自动化专业有所了解。

在编写本书的过程中，编著者参阅了大量参考资料，由于篇幅所限，未将其一一列出，在此谨向相关作者表示诚挚的谢意。

本书涉及多个学科和众多应用领域，需要先"深入"才能做到"浅出"，因此编写难度相当大。尽管编写团队花费了大量心血，尽了最大努力，力求保证本书的质量和满足读者的需求，但限于编著者的水平，书中难免存在不足之处，衷心希望广大读者和专家学者提出宝贵意见。

编著者
2021 年 4 月

目　录

自动化概述

> 天行健,君子以自强不息;地势坤,君子以
> 厚德载物。
>
> ——《周易》

▶▶ 引　言

远古时期,火山、地震、洪水、瘟疫等自然灾害,夺走了很多人的生命。也许从那时开始,人类就在做一个征服自然的梦。当人类用手折下一根树枝、用一块石头砸向另一块石头、用弓弦钻木取火时,工具就开始伴随着人类探索自然。

于是,有的人可能就会开始思考,为何太阳从东方升起?为何水从高处倾泻?为何人的伤口能够自然愈合?正是好奇心,激发了人们征服自然的梦想。正是因为有

了梦想，人们才渐渐发现了自然界的很多规律。人们顺应这些规律，努力耕作，得到了很多收获。

人类有血有肉，会劳累，有感情，更有智慧、思想和梦想。一个"异想天开"的想法浮现在人们脑海：能不能发明一个代替人的自动机器或自动装置？于是，一个个奇思妙想被构思出来，一个个文明智慧之光出现，指南车、记里鼓车、地动仪、木牛流马和铜壶滴漏等被相继发明……

随着工业革命的到来，设计精巧的自动化装置从独门秘术走进了人们的日常生产和生活。科学家通过对自动化装置的分析，发现在纷繁复杂的装置结构下面，隐藏着任何一本书上都没有解开的奥秘——反馈原理。利用反馈的控制观点和深厚的数学功底，科学家很快破解了各类自动化装置的奥秘。他们接着将反馈原理应用于其他过程，初步整理出系统的设计方法，于是，自动化技术大门渐渐打开。

随着工业革命的不断深入和技术的不断发展，自动化装置变得越来越复杂，人们希望可以制造出一个类人甚至超人的机器。于是许多科学家投入研究，维纳的控制论、钱学森的工程控制论、卡尔曼的滤波原理、庞特里亚金的极大值原理、贝尔曼的动态规划原理、扎德的模糊理论等大量控制科学原理和方法不断涌现。同时,控制科学与各类工程实践相结合,诞生了自动化专业。随着自动化专业的完善和发展,其理论、技术与各行各业相结合,在微电子、计算机、互联网、物联网、机器人、3D 打印、云计算、高速列车、磁悬浮列车、智能手机、智能家电、智能交通、神舟飞船、纳米材料、基因工程、5G 技术和人工智能等领域呈现勃勃生机。

千百年来,人类用孜孜不倦的探索精神,不断扩展着对自然科学以及自身的认知,其中有对宇宙的探索、对自然的探索、对科学的探索、对生命的探索及对未来的探索。同样,自动化的起源和发展正是人们不断地思考和探索,不断地制造一个个故事,不断地实现一个个梦想的过程,人类的发展史总是与自动化梦想的奋斗史和实现史密切相关的。控制科学总是与当代最先进的技术、理论方法和手段相结合的,总是站在科学技术发展的最前沿的,未来可期!

梦想照进自动化,希望更多的人能够加入自动化大家庭,成为自动化专业的一员,仰望星空,脚踏实地,不负韶华,砥砺前行,实现自己的光荣梦想!

为了初心和梦想，让我们从这本书开始，扬帆起航……

▶▶自动化的基本概念

如今的时代不仅是数字化、网络化和信息化的时代，也是自动化的时代。自动化技术的应用领域已远远超出了工业生产、航空航天、国防军事等传统范畴，揭开了神秘的面纱，渗透到了各行各业。

空调自动控温，电冰箱自动保鲜，洗衣机自动洗衣，电梯自动控制运行，电动门自动开闭，电力系统自动维持电源的输出电压、频率恒定，风力发电系统自动维持桨叶的变桨、变速，无人驾驶汽车自动导航和进行目标识别，数控机床和智能机械加工中心自动完成零部件加工，机器人自动完成装配、焊接、抛光、喷漆、钻孔、处理危险品等任务，无人飞机自动进行遥感测绘、气象探测、车牌识别、侦查监视，现代农业的各种设备实现自动化播种、灌溉、施肥、杀虫、收割，自行火炮自动进行目标搜索、瞄准和发射，导弹自动修正轨迹以击中目标……自动化的身影无处不在，自动化装置随处可见，形形色色的自动化装置和设备给我们带来了无数便利。

当我们享受着自动化带来的各种便利时,总有一些问题困扰着我们。什么是自动化?自动化到底是干什么的?它的核心内容是什么?它涉及哪些基本原理?它能给我们带来什么好处?它是如何发展到今天的?它的未来前景如何?让我们通过各类自动化系统和装置来梳理一下。

什么是自动化?自动化一词并没有明确、统一的定义,而是一个比较笼统的、形象化的概念。机械化强调的是大规模使用机器,电气化强调的是普遍应用电力系统,信息化强调的是大范围利用计算机、网络等现代技术工具高效地获取、处理、分析和利用信息,而自动化的重点在"自动"二字。通俗地讲,自动化就是利用机器、设备、系统或装置代替人或帮助人自动地完成某个任务或实现某个目标。具体来讲,自动化是指在没有人直接参与或尽量少参与的情况下,利用各种技术方法,通过自动检测、信息处理、分析判断、操纵控制,使机器、设备等按照预定的规律自动运行,实现预期的目标,或使生产过程、管理过程、设计过程等按照人的要求高效、自动地完成。下面通过一些例子来解释什么是自动化。

自动化物化到具体的自动化装置、设备,也都包含上述自动检测、信息处理、分析判断、操纵控制等要素,完成

自动控制过程。为了说明这个过程,下面以水箱水位的控制为例进行介绍。水箱水位自动控制是在人工控制基础上得来的,图1为水箱水位的人工控制过程示意图,具体过程为:眼睛观测实际水位,将实际水位反馈并与要求水位相比较,用大脑计算得出二者偏差;根据偏差的大小和方向,调节阀门的开度,即当实际水位高于要求水位时,关小阀门开度,反之则加大阀门开度以改变进水量,从而改变水箱实际水位,使之与要求水位保持一致。

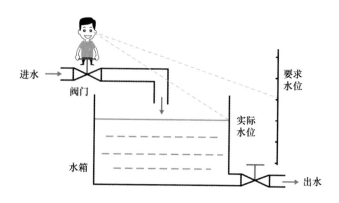

图1　水箱水位的人工控制过程示意图

显然,人工控制过程需要眼睛观测、反馈信息、大脑计算偏差,并通过手的调节才能完成水箱水位的控制过程。如果用装置代替眼睛的观测、大脑的计算、手的调节功能,就可以设计出自动化设备。具体设计为:用浮子测量代替眼睛观测(自动检测),用连杆反馈比较液位代替大脑计算(信息处理和判断),用放大器和伺服电动机调节阀门代替手的调节(操纵控制)。水箱水位的自动控制系统的具体过程为:当实际水位低于要求水位时,电位器输出电压值为正,且其大小反映了实际水位与要求水位的差值;放大器输出信号将有正向变化,伺服电动机带动减速器使阀门开度增大,直到实际水位重新与要求水位相同。在人工控制过程中,液位测量信息必须进行反馈比较才能完成控制。自动控制系统同样需要进行反馈比较,因此信息进行反馈并加以控制是自动化的典型特征。

空调是许多家庭经常使用的家电,图2为空调系统示意图。要想利用空调系统来调节房间的温度,我们要做的就是用遥控器设置好期望的温度值,其他工作空调系统会自动完成。

在空调系统中,压缩机是"心脏"。压缩机放置在室外机中,压缩机的运行使制冷剂不断循环。制冷剂在循环过程中先被压缩,然后膨胀蒸发。利用压缩时产生的热量可以制热。膨胀蒸发时,热量被吸收,可以制冷。

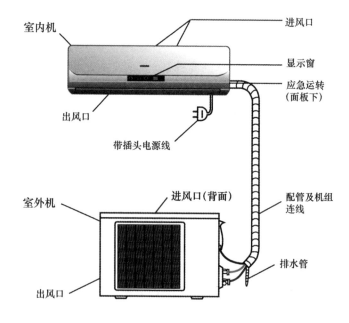

图2 空调系统示意图

　　以冬季取暖为例，空调系统通过它的"感觉器官"——温度传感器来感知房间的温度，空调控制器将其和温度设定值进行比较。若房间的温度低于温度设定值，则压缩机运行，使温度上升。当房间的温度超过温度设定值时，压缩机停止运行。这是一种典型的基于反馈信息(温度值)的运行方式,通常称为反馈控制。反馈控制方式在自动化系统中的应用最为普遍,也是自动化系统最为核心的组成部分。

倒立摆是进行控制理论研究的典型实验平台,具有高阶次、不稳定、多变量、非线性和强耦合特性,可用于模拟火箭发射助推器的运行。许多控制理论的研究人员一直将它视为典型的研究对象,不断地从中发掘出新的控制策略和控制方法,相关科研成果在航天科技和机器人学方面获得了广泛应用。现存的倒立摆有多种,如多级倒立摆、环形倒立摆、平面倒立摆和复合倒立摆等。直线一级倒立摆是在直线运动模块(小车)上装有一级摆体组件,小车有一个自由度,可以沿导轨水平运动。当摆杆偏离垂直位置时,控制小车左右移动,以恢复摆杆的垂直状态。具体控制过程为:通过角度传感器测试角度的信息,并反馈至控制器;控制器计算偏差并通过控制策略控制小车移动,使得偏离角度趋于零。

能源是指产生机械能、热能、光能、电磁能、化学能等各种能量的自然资源,包括各种能够直接取得或者通过加工、转换而取得的有用资源。相对于传统化石能源,新能源是指可再生能源。其中,风能是一种重要的可再生能源。风能发电是将风能转换为电能的技术,其发电过程安全可靠，环境污染小。双馈风能发电系统的工作要求是：发电机获得固定的风速，尽可能保持风能利用系数达到最佳值。整个控制系统由风速测试仪、控制系统、增速器、发电机等组成。其反馈控制原理是：当风速增大时，控制风轮加速旋转，吸收部分能量，将能量存储于高速旋转的风轮中；当风速减小时，将高速风轮存储的能量释放出来，尽量维持风速不变，实现恒速发电。根据外界风速情况，通过反馈原理，实现风轮多工况的切换控制。

还有更为复杂的自动化系统，例如，汽车自动驾驶系统。汽车自动驾驶系统是典型的移动自动化设备。汽车自动驾驶系统由硬件和软件两部分组成。硬件部分由双目摄像装置、图像处理平台、软件库、控制接口和执行机构组成。汽车自动驾驶的控制系统主要由传感器、控制器和执行器三部分组成。传感器检测汽车各类装置的运行状况，并将信息反馈至控制器。控制器根据反馈信息进行计算和决策，计算出控制信号，传送给执行器，从而调节汽车的速度、转向、制动和刹车等。

汽车自动驾驶系统的软件部分由目标识别、运动参数测量和图像处理软件等组成。其中，图像处理平台根据知识库的标准道路模型，使用图像处理软件对左、右图像进行初步识别，分割出行车道路区域。汽车的主控计算机根据这些图像处理信息并自动决策,确定汽车行驶速度、行进方向和位置、自动超车、紧急刹车、汽车鸣笛、灯光控制等。

自动化技术的核心控制部件是半导体控制芯片,其制造过程非常复杂。半导体控制芯片的基础材料是多晶硅。多晶硅是生产单晶硅的直接原料,是当代人工智能、自动控制、信息处理和光电转换等半导体器件的电子信息基础材料。多晶硅的质量直接影响着半导体控制芯片的整体质量。

例如,多晶硅还原炉以动态生长仿真模型为基础,采用红外热像仪、高精度工业照相机、激光测距仪等设备,可以在线感知硅棒的温度、尺寸、形状等。多晶硅还原炉内的传感器将感知信息反馈给计算机,计算机采用人工智能、大数据、卷积神经网络和深度学习等方法综合判断各类信息,对模型进行在线修正,优化还原过程,实施控制。

近年来,与工业制造、医学分析、工程建设等相关的数字孪生自动化技术发展迅猛。数字孪生自动化技术是充分利用物理模型、传感器更新、运行历史等数据,集成多学科、多物理量、多尺度、多概率的仿真过程,在虚拟空

间中完成映射，从而反映相对应的实体装备的全生命周期过程。简单来说，数字孪生就是在一个设备或系统的基础上，创造一个数字版的克隆体。为什么要创造一个克隆体，用电脑上的设计图纸展示不是一样吗？当然不是。相比于设计图纸，数字孪生体最大的特点在于：它是对实体对象（称为"本体"）的动态仿真。也就是说，数字孪生体是会"动"的。而且，数字孪生体不是随便乱"动"。它"动"的依据，来自本体的物理设计模型，还有本体上面传感器反馈的数据，以及本体运行的历史数据。如果需要做系统设计改动，或者想要了解系统在特殊外部条件下的反应，工程师可以在数字孪生体上进行实验。这样一来，既避免了对本体的影响，也可以提高效率，节约成本。通过数字孪生体可以了解本体系统内部结构变化、故障的影响、生命周期等。因此，数字孪生自动化技术是现在较高水平的自动化技术，是多信息、多传感器、多学科融合的新技术。

通过水箱水位的自动控制系统、空调系统、倒立摆、风能发电系统、汽车自动驾驶系统、多晶硅还原炉和数字孪生体等的介绍我们了解到，从简单到复杂，从低级到高级，自动化过程一般包含了自动检测、信息处理、分析判断、操纵控制等要素，使机器、设备等按照预定的规律自动运行,实现预期的目标。通过以上的介绍,我们了解了什么是自动化以及自动化过程的要素和一般控制过程。

▶▶ 自动化的发展历史、现状和发展趋势

　　自动化技术的产生和发展经历了漫长的历史过程。从古至今,人类一直都有创造自动化装置以减轻或代替人的体力及脑力劳动的梦想,并不断努力实践,如中国古代能自动指向的指南车、自动计时的铜壶滴漏和自动计算距离的记里鼓车,17世纪欧洲利用风力驱动的磨坊机械控制装置等。尽管这些发明互不相关,但都对自动化技术的形成起到了启蒙作用。从自动化的发展历程来看,虽然可以追溯到几千年前,但真正对社会的生产和生活方式产生了巨大影响的自动化装置,还是来自近三百年的自动化发展史。从18世纪中叶到现在,自动化的发展可以大致分为自动化初步形成、局部自动化和综合自动化三个时期。

➡➡ 自动化初步形成时期

　　社会的需求是自动化技术发展的动力。18世纪是蒸汽机快速发展的时期,蒸汽机技术成为当时机械工程最瞩目的成就之一。托马斯·纽科门和约翰·卡利是早期

的蒸汽机研究者。到 18 世纪中叶,已有数百台纽科门式蒸汽机在多个国家服务,但其工作效率太低,难以推广。1765 年,俄国的波尔祖诺夫发明了蒸汽机锅炉的水位自动调节器。1760—1800 年,英国工程师詹姆斯·瓦特对纽科门的蒸汽机进行了重大改进,解决了热效率和传动方式两个关键性的技术问题,从而使蒸汽机成为能真正广泛应用的动力源。瓦特的蒸汽机具有重要的里程碑意义,它不仅为大规模使用机器的工业生产奠定了基础,引发了以机械化为特征的第一次工业革命,而且代表着自动化初级阶段的形成。

19 世纪下半叶,随着电磁感应、发电机、电动机、电磁波的发明和应用,人类进入了电气时代。由于电能所具有的突出优点,电力迅速取代了蒸汽动力,电动机获得了广泛应用,从而掀起了以电气化为主要标志的第二次工业革命。在此次变革中,继电器、接触器、断路器、放大器、电磁调速器等各种简单的电气控制装置被大量地应用到生产设备中,显著提高了生产效率、工厂的自动化水平、产品质量及生产的安全性,是自动化发展的第二个里程碑。在此基础上,美国福特汽车公司于 1913 年建成了最早的汽车装配流水生产线。1926 年,美国建成了第一条加工汽车底盘的自动生产线,从而使单件生产方式发展为大批量生产方式,显著提高了劳动效率和产品质量,降低了生产成本,对劳动分工、社会结构、教育制度和经济发展都产生了重要影响。1946年,美国福特汽车公司的机械工程师哈德最先提出了"自动化"一词,并用来描述发动机气缸的自动传送和加工的过程。

　　19世纪末至20世纪中叶是自动化技术和理论发展的关键时期。大规模工业生产要求使用更多的自动化装置提高生产效率。在第二次世界大战期间,各国对雷达跟踪、火炮控制、舰船控制、鱼雷导航、飞机导航等自动化武器装备有了更高的要求。在自动化技术方面,由于大多数自动化系统都采用了反馈控制方式,因此迫切需要从理论上弄清楚反馈系统的基本原理和设计方法,几种一直沿用至今的著名控制设计方法都是在这一时期提出来的,并逐步形成了以分析和设计单输入/单输出系统为主要内容的经典控制理论,例如频域法、根轨迹法等。美国数学家维纳于1948年出版了著名的《控制论:或关于在动物和机器中控制和通信的科学》,比较了工程控制系统与生物机体中的某些控制机制以及人类的思考和行为方式,高度概括了各类系统的共同特征,强调了反馈控制原理的普遍适用性。1954年,我国著名科学家钱学森出版了《工程控制论》,系统阐述了控制论在工程领域的应

用,对自动化的发展具有重要意义。

➡➡局部自动化时期

20 世纪 60 年代,航空航天领域发展迅速,涉及大量的多输入/多输出系统的最优控制问题用经典的控制理论已难以解决,于是产生了以状态空间方法为核心的第二代控制理论(现代控制理论)。简单来说,状态空间方法就是将描述系统运动规律的高阶微分方程转换为一阶微分方程组来进行分析。由于一阶微分方程很容易在时间域分析和求解,所以该方法属于时域法。现代控制理论已成功应用于人造卫星的发射、登月飞行、导弹的制导、飞机的控制等方面。

计算机的出现对自动化的发展至关重要,其影响和作用是毋庸置疑的。自从 1946 年第一台电子数字计算机诞生以来,计算机已从采用电子管、晶体管、中小规模集成电路发展到了采用大规模、超大规模集成电路,其体积越来越小,成本也越来越低,这就为在自动化领域广泛地采用计算机奠定了基础。从 20 世纪 60 年代开始,随着计算机应用于自动化领域,自动化技术发生了根本性的转变,由处理连续时间变量转变为处理离散时间变量或数字量,自动化系统变得更加智能,能适应更为复杂的情况。改变控制方式只需要改变软件,即修改计算机程序,无须更换硬件设备,而且既能实现简单的控制,又能实现模仿人类智能的高级控制或更复杂的最优控制,使系统性能达到最佳状态。因此,自动化系统越来越多地采用了计算机作为控制和调节装置。这一阶段被称为数字化、计算机化或局部自动化时期。

➡➡综合自动化时期

从 20 世纪 70 年代开始,随着微型计算机的普及和计算机网络的发展,自动化领域又开始了一次重大变革。由基于单台计算机、单个受控设备的单机自动化演变为基于网络和多台计算机、多个受控设备的多机协同自动化,这一过程通常被称为网络化。网络化可以是一个工段的几台设备相连接,也可以是整个车间、整个工厂、整个企业乃至由分布在世界各地的企业构成的企业集团相连接,或者由企业内部的局域网和互联网有机结合,从而构成全球化的生产和管理系统。每个自动化系统不再是独立的,而是通过网络连接成的有机整体,可以实现各种信息、技术的融合集成,形成管控一体化系统。除此之外,还可以更多地引入人工智能和智能控制技术,在复杂和不确定的环境中自动完成信息获取、分析判断、综合决策、逻辑推理、学习调整等任务。这一阶段被称为网络化

自动化概述

或综合自动化时期。图 3 为自动化在工业革命中的作用。

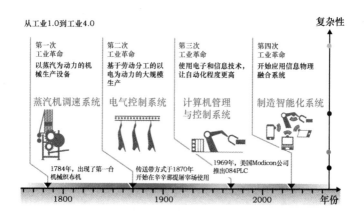

图 3　自动化在工业革命中的作用

当前,随着 5G、工业互联网、云计算、边缘计算、机器人以及人工智能等技术的推广普及,自动化技术正站在新技术变革的风口浪尖。在这场技术革命的大潮中,为了占领科技制高点,很多国家都制定了自己的自动化技术发展战略。德国提出了"工业 4.0"战略,其智能制造的技术基础是信息物理系统（CPS）。CPS 是美国科学基金会在 2008 年提出的,是指将计算资源与物理资源紧密融合与协同,使得系统的适应性、自治力、效率、功能、可靠性、安全性和可用性更强。中国提出了"中国制造 2025"

战略,其由百余名院士和专家着手制定,是我国实施制造强国战略第一个十年的行动纲领,是实现由中国制造向中国创造的转变,由中国速度向中国质量的转变,由中国产品向中国品牌的转变,完成中国制造大国由大变强的战略任务。2020年,我国基本实现工业化,制造大国地位进一步巩固,制造业信息化水平大幅度提升。到2025年,制造业整体水平将大幅度提升,创新能力显著增强,全员生产效率明显提高,工业化和信息化相互融合并迈上新台阶。

新时代新征程,自动化正朝着数字化、网络化、集成化和智能化方向快速发展。自动化包含了丰富的内涵,它正朝着更高级的自动化发展。将人作为自动化系统的一部分,充分发挥人的优势,形成由智能机器和人类专家共同组成的"人机一体化"智能自动化系统,合作完成诸如分析、构思、推理、判断和决策等智能活动。自动化不断整合来自不同学科的知识和方法,形成新的框架来促进科学发现和科技创新。

通过上面的介绍,我们已经知道了什么是自动化,了解了自动化的发展历程,那么自动化的核心和灵魂是什么?它的技术特点是什么?我们现在就出发去实际探寻自动化的秘密吧……

自动化的核心和灵魂——自动控制

合抱之木，生于毫末；九层之台，起于累土；
千里之行，始于足下。

——老子

▶▶ 引　言

　　"控制"一词大家都比较熟悉。人们常说"人的成功需要自律和自我控制""自控者胜，自励者强""能控制住自己的人，才能掌握自己的命运"等。形容"控制"的成语有"运筹帷幄""运筹谋划""运筹决策"等，其含义是通过某些措施或规划，要"自律克服外界影响"，然后"运筹"才能"不出所料"和"料事如神"，才能使人们做事情的过程或变化符合规划或预期，最终才能达到或实现预期目标。那么，加上"自动"二字的"自动控制"又是什么意思呢？通俗来讲，就是事情运作过程能够自动"运筹"；专业来讲,自动控制是指在没有人直接参与的情况下,利用外加的设备或装置,使机器、设备或生产过程的某个工作状态或参数自动地按照预定的规律运行,让机器、设备或生产过程自动"运筹",实现预定的目标。

自动化涉及众多学科领域,特别是涉及控制、计算机、通信、检测等信息科学与技术,是典型的综合交叉学科。自动化的形式和方法是多样性的,但是万变不离其宗,信息是实现自动化的基础,自动控制则是自动化的核心和灵魂。通过自动控制实现对信息的检测和处理、分析判断、操纵控制,实现预期目标。自动控制方法的种类繁多,但其控制方法可以归结为以下几类:开环控制、闭环控制(又称为反馈控制)、二者相结合的复合控制和智能控制。下面,我们就来谈谈丰富多彩的自动控制方法。

▶▶自动控制的基本方法

我们由一个故事开始介绍自动控制的基本方法。包括简单的开环控制,基本的闭环控制和常用的 PID 控制。大家可以由此了解控制的基本方法和基本原理。

➡➡从故事讲起

为了通俗易懂地讲述开环控制、闭环控制等控制方

自动化的核心和灵魂——自动控制

法，我们选择了一个青年小明，他是自动化专业毕业的大学生，大学期间学习过电路、信号与系统、模拟电子技术、数字电子技术、自动控制原理、现代控制理论、微机原理及应用、电机与拖动、电力电子技术、计算机控制技术、计算机网络、运动控制、过程控制、单片机与嵌入式系统原理和智能控制等课程，会使用AutoCAD、Protel、C＋＋和Matlab等软件。小明平时的业余爱好是动手搞小发明和电子设计，大学期间设计创新项目还获得过省级和校级奖励。图4为小明的自我介绍。

Hi，我是小明，自动化专业，大学毕业。

图4　小明的自我介绍

小明毕业后选择回家乡自主创业，承包了一片林场，他要"青衿之志，履践致远"，通过努力建设家园，实现家乡"绿水青山就是金山银山"的目标。我们讲的自动控制方法，就从小明自主创业开始吧！

➡➡简单的开环控制

首先,看看小明承包林场的地方。林场坐落在离小明家不远的地方,其旁边有条清澈的河流,潺潺流淌,川流不息。图5为小明承包林场所处的环境。

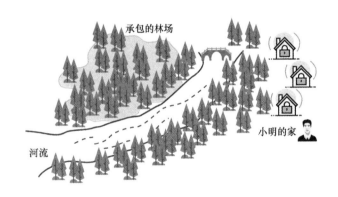

图 5   小明承包林场所处的环境

因为没有自动化设备,小明每次灌溉林苗的时候都需要他自己去挑水,但随着需求的增加,这样的方式越来越累,想雇个人又没有钱。于是,小明去河边看了看,找了个合适的地方安装了一条水管,这样每次当他需要用水时,打开水龙头,用容器接水就可以了。因为打开水龙头不需要其他操作,一条管线下来就可以了。水的来源

自动化的核心和灵魂——自动控制

解决了，但接水时又出现了一个问题，因为容器的容量是有限的，用容器接水时，小明需要在旁边随时观察着水位情况，每天需要花费很多时间在这个方面，不能做别的事情了。为此，小明开动脑筋，想到解决这个问题的一种思路就是接入一个定时器。通过生活经验可以知道接满一个具体的容器大概需要多长时间，然后设定定时器，到时间点时自己手动去关闭水龙头。图 6 为取水过程的控制过程。

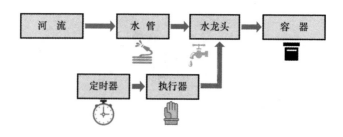

图 6　取水过程的控制过程

根据图 6，观察一下取水的控制过程。首先，设定一个容器灌满水的时间；然后，打开水龙头，河流里的水通过水管、水龙头流进容器；最后，定时器时间到，手动关闭水龙头。在控制过程中，水龙头和容器相当于被控对象，定时器相当于产生预定时间的给定装置，执行器为人手。

显然,这种控制方式比较简单,它不需要传感器,只要给出给定装置,系统按照给定装置要求完成任务就结束。

　　小明在简单地解决了取水控制问题后,又对自己家的电加热炉感兴趣了。他将电加热炉全部拆开,对其进行认真的分析。电加热炉的控制目标是:炉温达到期望值,并基本保持不变。如何进行控制呢? 首先分析一下电加热炉自身的工作过程。如果在电阻丝两端施加一个电压,电加热炉内部的温度就会开始上升;电加热炉与外部有热交换,刚开始升温时,电加热炉内、外温差小,热交换量小,因而升温快;随着电加热炉内部温度的上升,内、外温差增大,热交换量也随之增大,升温速度下降;当电阻丝产生的热量和电加热炉散发的热量达到平衡时,炉温就会恒定。改变电阻丝两端的电压,如果电压加得高,那么平衡时的炉温就高;如果电压加得低,那么平衡时的炉温就低。一般来讲,电阻丝两端的电压取值与达到平衡时的炉温是一一对应的。加热时电阻丝内的电流一般很大,为此采用功率放大装置将控制弱电的电流放大,同时将控制弱电部分和电阻丝控制的强电部分隔开。这种"以弱控强"的方式是大部分控制系统都具有的特征。功率放大器的输入信号(控制电压)与输出电压之间近似为正比例关系,增大或减小控制电压,输出电压也会随之增

大或减小,从而改变电加热炉的温度。要调节炉温,只需要给出一个炉温期望值的指令(通过调节给定电位器,对控制电压进行相应的设定),就可以使炉温基本达到期望值。图7为电加热炉的温度控制原理图。

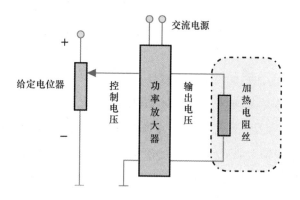

图7 电加热炉的温度控制原理图

为了分析方便,图8为电加热炉的温度控制系统方框图,其中电加热炉为控制对象,功率放大器相当于控制装置,给定电位器为产生指令信号的给定装置。扰动通常代表某些不确定性因素引起的外界扰动,例如交流电源的电压波动、环境温度的变化等。上述电加热炉的控制方式简单、方便。

小明设计的取水过程,家里的电加热炉温度控制过

图 8　电加热炉的温度控制系统方框图

程,其实都属于开环控制。那么它们为什么属于开环控制呢?对于取水过程,没有检测容器内实际水位,水位信号没有反馈到控制端,没有形成闭合回路。对于电加热炉温度控制过程,同样没有检测输出变量炉温,炉温信号没有反馈到输入端,输入信号(控制电压)只单向通过放大装置,传递到电阻丝的两端产生输出信号(炉温)就终止了,信号的传输没有形成闭合回路。开环控制没有闭合控制回路,一般还称其为前馈控制或顺馈控制。

　　这样的控制效果如何呢?以电加热炉为例,假定系统内部和外部的条件完全不变,而且操作人员对整个系统的输入/输出特性以及对应关系了解得很准确,那么只要设定好控制电压,炉温经过一个动态变化过程后就会达到期望值并且恒定不变。但事情不会这么理想化,实际系统总是存在这样或那样的扰动和不确定性,这些因素都会影响炉温,造成炉温波动或偏离期望值。例如,交

自动化的核心和灵魂——自动控制

流电源的电压波动、环境温度变化、被加热物体的质量和体积变化、系统中各种器件的老化和特性改变等因素都会引起炉温变化。总而言之，各种类型的扰动，无论是内部的还是外部的，都会导致炉温改变，如果人不进行干预，炉温就会偏离期望值。如果人要进行干预，首先就需要一个温度检测装置，通过该装置随时观测炉温，并根据炉温与期望值之间的误差大小随时调整控制电压，从而保证炉温的误差不超出允许范围。

小明经过上述分析得出开环控制的特点：没有反馈的开环控制系统存在一个较大的缺陷，即抗干扰能力差，但它同时也具有较多的优点，如结构简单，工作可靠，调整方便，成本低廉。因此，对于控制精度要求不高、扰动影响较小的场合，可以经常使用开环控制系统。实际生活中可以见到很多开环控制的例子，例如电灯、电风扇、电烤箱、电取暖器、半自动洗衣机，交通系统中定时切换的交通信号灯和节日里五彩缤纷、闪烁耀眼的霓虹灯等。

➡➡基本的闭环控制

通过对电加热炉的分析，小明知道了其开环控制的缺点。同时，由于取水过程也是开环控制，其也存在相应的缺点。例如，如果接水的容器换了，那么原来的定时器定的时间就不对了，还需要重新调整时间。由于小明在大学学的是自动化专业，他想到了闭环控制的方法。于是，他利用大学期间学习的自控原理进行了分析和设计。他发现如果加一个测水位的水位传感器，然后把信号再传送到人，人再去关闭水龙头，就实现了闭环控制。于是，他采购并安装了水位传感器，实现了水位检测功能，这种机制称为反馈。这个控制过程可以画成封闭回路，形象地称为闭环控制。这样，小明在前面开环控制系统的基础上，在取水装置上加了水位传感器，再结合控制水龙头的执行器，解决了取水的闭环控制问题。

　　同样，由于电加热炉没有检测炉温，没有形成反馈，因而在受到扰动影响时，炉温会偏离期望值，但系统自身是无法获知这一信息的，因此不会自动地对炉温进行调节，会产生较大的误差。为此，小明决定在电加热炉内部增加一个温度检测仪来检测炉内的温度，以获取炉温的即时信息，然后将其与炉温的期望值进行比较（大脑思考并比较）。若炉温低于期望值，则增大控制电压（手动调整给定电位器）；若炉温高于期望值，则减小控制电压。炉温较期望值低得越多，控制电压的增幅越大；反之，则控制电压的增幅越小。这样不断地观测炉温，不断地调整控制电压，就能在即使存在各种扰动的情况下使炉温

自动化的核心和灵魂——自动控制

基本恒定,不会产生明显的偏差。在这里,小明相当于一个控制装置,起到了提取反馈信息、进行比较和判断、计算所需控制电压并实施控制的作用。图9为小明参与的电加热炉温度的闭环控制系统。

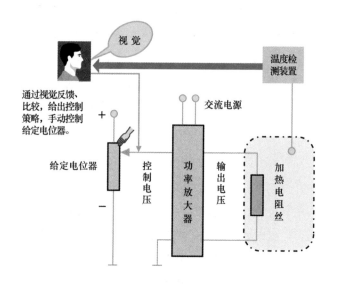

图9　小明参与的电加热炉温度的闭环控制系统

　　后来,小明发现自己参与电加热炉温度的闭环控制太浪费时间,效率较低,于是他想到采用控制装置来代替人的工作,图10为其设计的电加热炉温度的自动控制原理图。其原理为:温度传感器用来检测炉温,传感器检测到的信号通常比较微弱,需要用温度变送器将其变换为在标准范围内变化的电压(1~5 V),得到的反馈电压被称为反馈信号,一般与炉温大致呈线性关系。给定电压代表期望值,其被称为给定信号。给定信号与反馈信号进行比较(相减)就得到误差信号。控制器就是根据误差信号来进行控制的。若误差为正,则表示炉温低于期望值,控制器就会增大控制电压;反之则减小控制电压。这个过程与人参与的控制过程类似。

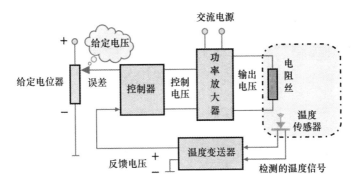

图10 电加热炉温度的自动控制原理图

为了更清楚地说明闭环控制过程,用方框图来直观地表示电加热炉温度反馈控制系统各组成部分之间的关系,电加热炉的反馈闭环控制系统如图11所示。图中的

自动化的核心和灵魂——自动控制

"⊗"称为相加点（或综合点），其引出的信号是各输入信
号之和。由于给定电压与反馈电压是抵消的关系，反馈
电压是以"－"的形式加上去的，因此这样的反馈系统称
为负反馈控制系统。系统中的信号传递是沿着箭头方向
经控制器、功率放大器、电加热炉和炉温检测装置后形成
了闭合回路。于是，小明完成了电加热炉的闭环控制系
统设计，并购买材料进行了制作、安装、调试，完成了电加
热炉的闭环控制系统。

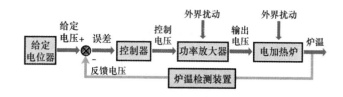

图 11　电加热炉的反馈闭环控制系统

　　小明通过对取水过程和电加热炉控制系统进行研究
和改造，总结出了反馈闭环控制系统的特点：能够根据反
馈信号自动进行调节，相比于开环控制系统具有明显的
优越性，具有抗干扰能力强、控制精度高的特点。例如，
在炉温反馈系统中，任何扰动不管是内部的还是外部的，
只要影响到了炉温，控制器就会根据反馈信号进行调节，
从而抑制扰动的影响，保证炉温的精度。然而这里有两

种扰动是例外，即由于检测信号（反馈信号）和给定信号不准确引起的炉温误差，反馈控制是无法抑制的。原因很简单，直观地看，检测信号不准确代表了获取的信息不准确，给定信号不准确代表了给出的指令不准确，控制基于不准确的信息和指令，当然会执行出错误的结果。这就好比某人接到指令朝正南方向走，他手里拿着指南针辨别方向（获取反馈信息），如果指南针有误差，他就不可能走准确了。因此，一个反馈控制系统的控制精度在很大程度上是由检测元件和给定装置的精度决定的，特别是检测元件，因为给定装置的精度目前在技术上很容易得到保证。

小明对于电加热炉温度控制系统的改造，主要采用了负反馈，那么负反馈有哪些作用呢？由于负反馈控制能够抑制除检测信号和给定信号不准确以外的扰动，保证控制精度，所以负反馈控制得到了最广泛的应用。下面就举几个实际例子来进行说明。

电冰箱是常见的家用电器，为什么它能保持温度基本不变呢？主要是采用了负反馈温度控制原理。电冰箱有温度传感器，随时检测电冰箱内的温度，在温度降到低位设定点（零下十几摄氏度）以前，电冰箱的压缩机会一直工作，进行制冷；一旦温度降到设定点，压缩机就停止

运行。为了更好地进行控制，质量好的电冰箱采用变频方式的闭环控制。

很多家庭都使用的燃气热水器，有一个进气口、一个进水口和一个出水口，改变进气量或进水量都会改变出水口的水温。若靠手动调温，则属于开环控制，效果并不理想。相比之下，全自动燃气热水器则采用了一个温度传感器检测出水口的水温，该信息通过负反馈方式反映至控制端，将检测信号值与设定值进行比较，根据误差自动调节火力大小，使水温保持恒定。

在交通控制系统中，基于时间序列控制的红绿信号灯属于开环控制，这种控制方式的效果并不理想，不能根据车流量大小自动调节切换时间，故常常会出现这样的情况：一个方向的车辆已经通行完了，绿灯还亮着；另一个方向的车辆尽管排起了长队，也只能等待。解决办法是增加反馈信息，实施反馈控制。利用设置在道路上和路口的传感器监测车流量、车速以及路口的车辆等候状况，并根据这些信息自动调整信号灯的切换时间，从而最大限度地提高路口的通行能力，减少车辆等候时间。

工程系统中应用反馈控制的例子不胜枚举，反馈是自动控制的基本思想，只有系统采用了反馈方式才能实现对被控对象的目标控制和精确控制。例如,为了保证电梯的舒适性,要求即使有负载变化、电源电压波动等扰动,也应平稳地加速、运行和减速,这就需要检测运行速度以及速度的变化率,构成闭环控制;高速旋转的计算机硬盘需要通过转速反馈控制来保证硬盘的平稳运行,而硬盘数据的读/写则通过磁头位置的反馈控制来实现高精度定位;商店的自动门利用红外线传感器检测是否有人走近或离开,由此决定是否开门或关门;数控机床通过对加工轨迹的反馈控制调整刀具姿态和位置来实现高精度的工件加工;轮船航行使用自动驾驶仪,引入反馈机制,通过陀螺仪或卫星定位系统等获取轮船的位置及方位信息,并根据这些反馈信息,由控制装置自动调整船舵,就构成了闭环控制系统。通过闭环控制系统,可以克服风浪、海流等扰动对航向的影响。

上述描述的工程装置或系统都是闭环反馈系统,一般反馈闭环控制系统的结构图如图12所示。在图12中,除了受控对象外,还包括检测装置、比较环节、控制器和执行机构几个部分。如果把基于传感器的检测装置比喻成人的感觉器官,那么控制器就相当于人的大脑,它根据反馈信息进行分析和决策;而执行机构的作用则相当于人的四肢,它接收控制器输出的控制信号,并按照控制

自动化的核心和灵魂——自动控制

35

图 12 一般反馈闭环控制系统的结构图

信号的大小来改变受控对象的操纵变量,使受控对象按预定要求运行;相当于大脑的控制器在整个控制系统中是决定系统运行性能的最关键环节,其任务是根据得到的误差信息计算出所需要的控制量,控制器的设计是闭环控制系统的关键。工程上使用反馈闭环方式进行控制,经济、社会及其管理中也需要很多闭环控制系统保证大系统的协调稳定。例如,对于社会人口控制问题,首先要获取特定时限的人口统计数据,并对这些数据进行分析处理,建立人口发展的模型,然后制定控制人口调节的政策。制定的政策需要根据实际执行效果和情况的变化随时进行动态调整,整个过程也是反馈控制过程。再比如对于国家宏观经济管理问题,当市场需求过旺时,应该采取限制需求的政策,如压缩基本投资、增加税收、提高利息率等;当出现通货膨胀、货币贬值时,应该控制货币发行量、国债发行规模和工资增长幅度等。

实际上,从系统控制论的观点来看,任何社会政策的制定或计划的制订、实施和修改都属于反馈过程,而实施效果主要取决于获取信息的准确性和完整性、决策程序、决策者的分析能力、决策能力和决策水平。

通过对以上闭环系统全面的介绍,我们发现闭环控制的思想随处可见,从具体的控制装置、系统,到经济、社会及其管理都存在着反馈控制思想、技术和方法。简言之,想要控制好目标,就用反馈闭环控制方式。

通过以上介绍,我们了解了什么是自动控制、开环控制、闭环控制、反馈、负反馈等概念,了解了它们的特点和使用方法,也知道小明是一个爱动脑筋、勤于钻研的好青年。那么,小明自动化创新的故事就结束了吗?没有,小明的创新还在路上!

➡➡**常用的 PID 控制**

在前一部分中,介绍了反馈闭环控制方法。青年小明非常高兴地使用起了自己改造的电加热炉,但是后来他发现,尽管加入了温度测量装置,温度有时也控制得并不理想。他发现温度到达期望值的时候,温度有时上升得很快,或者下降得也很快,出现了大幅振荡,温度控制还有静态偏差。于是,他又开始翻阅大学学习的自动控制原理课本,发现如果适当加入微分和积分环节,可以减

自动化的核心和灵魂——自动控制

小静态偏差和振荡幅度。那么，他这样做能够解决问题吗？

在图12给出的反馈控制方式中，最简单的应当是"开关式"（On-Off）控制方式。例如，要控制温度基本不变，可以围绕温度的期望值设定一个上限和一个下限，当检测到的温度值达到上限时，控制器和执行机构就停止工作；当温度下降到下限时，就启动运行。空调、电冰箱、电热饮水机、电熨斗等通常采用这种方式，但这种断续调节方式并不能使温度真正保持恒定，而是不断地在上、下限之间变化，因而只能用于对温度要求控制精度不高的场合。

如果能够把间隔一段时间才调节一次的"开关式"控制方式改为不间断的连续调节方式，那么控制效果显然应当更好。例如，对于空调取暖而言，若采用连续调节方式，就无须设定温度的上、下限，只需设置一个温度的期望值，空调控制器根据反馈的室温信息不断调节压缩机转速。室温过低，则增大压缩机转速，使温度上升；反之，则减小压缩机转速，使温度下降，以此保持房间温度基本恒定。虽然连续调节方式在思路上更先进，控制效果也比"开关式"更好，但如何进行调节、如何确定调节规律及相关的控制参数却比"开关式"复杂得多，往往需要借助于自动控制理论才能完成控制器的设计和调试。

在非开关式的连续调节方式中，"PID 控制"是最基本和最常用的，其原理和作用也是最简单直观的。PID 控制，即比例控制、积分控制、微分控制的组合。PID 控制器的结构图如图 13 所示，其工作过程是对误差信号分别按比例放大、进行积分和微分，然后再合成为控制量。

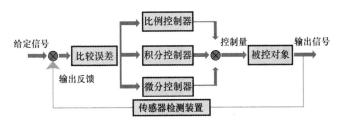

图 13　PID 控制器的结构图

PID 控制器分为比例控制器、积分控制器和微分控制器。比例控制器是对输入信号进行放大，增加系统的快速性。积分控制器是对输入信号取累加作用，消除跟踪目标的静态偏差。微分控制器是对输入信号未来变化进行预报。三个控制器可以组合使用。调节时主要调整控制器自身系数和时间常数，调节过程也称为参数整定过程。

PID 控制的历史悠久。最早的自动控制系统通常采用简单的比例控制,后来人们针对其存在的问题逐步引入了积分和微分作用,并于 20 世纪初正式提出了 PID 控制的概念。自此人们先后设计出机械式、液动式、气动式、电子式和数字式等多种实现方式,并广泛应用于各种场合。PID 控制的结构和原理都比较简单和直观,适应面广,可靠性好,生命力强,至今仍为工程应用的主流,80％以上的控制系统都采用了 PID 控制方式。

小明根据 PID 控制原理,改造了原有的电加热炉系统,加入比例和积分环节。控制过程是:通过温度传感器检测出电加热炉的炉内温度,并将其与炉温设定值进行比较得到误差信号,然后再将误差信号输入 PID 控制器,控制器根据误差信号的大小计算出所需要的控制量,并通过执行机构调节输出电压的大小,从而可使炉温基本保持恒定。最后通过实践验证,改善后的电加热炉的炉温控制精度较高,消除了振荡和静态偏差。小明通过技术改造实现了电加热炉的 PID 控制,运行效果良好。

对于一般的反馈闭环系统,控制器设计是最关键的步骤,小明选择的 PID 控制器是一种可行方案。对于控制器的设计,方案还有很多,智能控制器也是很好的方案,作者在后续内容中一一介绍。

小明创新的故事到此就要结束了，他又开始琢磨其他的创新改造了。通过他的亲身经历，我们知道任何一个喜欢自动化的人，只要他脚踏实地，认真钻研，肯于攀登，总会在自己的工作中做出成绩。千里之行，始于足下，让我们带好行囊出发，再去领略智能控制的风采吧！

▶▶最热门的控制方法——智能控制

"智能"一词，是日常生活中耳熟能详的词，在百度上搜索，与智能相关的组词有很多，例如"智能手机""智能空调""智能洗衣机""智能照相机""智能交通""智能建筑""智能小区""智能汽车""智能机器人"等，仿佛没有"智能"两个字，产品、系统、工程就不算高大上似的。那么，到底什么是"智能"？什么是"智能控制"？

➡➡什么是智能与智能控制？

"智能"一词虽然没有明确的定义，但有明显的含义和所指。人类是具有"智能"的生物，人的智能表现在其所具有的记忆能力、学习能力、模仿能力、适应能力、联想能力、语言表达能力、文字识别能力、逻辑推理能力、归纳总结能力、综合分析与决策能力等方面。因此，当采用的自动控制方式明显地具有上述特征时，就可以将其称为

自动化的核心和灵魂——自动控制

"智能控制"。

一般地讲，传统的自动控制在设计控制器时，首先需要建立描述受控对象运动规律的数学方程（数学模型），然后在成熟的、系统的自动控制理论体系中选择一种最合适的设计方法，通过分析计算获得控制器，并用相应的物理器件予以物化实现。而智能控制则更多地基于知识，控制方式更加多样化，更加灵活：可以利用专家经验实施控制，可以通过自主学习实施控制，可以利用逻辑推理进行控制，可以模仿生物理论进行控制，可以使用多智能体协调学习自主控制，等等。总之，智能控制是以定性分析为主、定量与定性相结合的控制方式。因此，智能控制系统在更大程度上体现了人的控制策略、控制思想和控制行为，拥有受控对象及环境的相关知识以及运用这些知识的能力，具有很强的自适应、自学习、自组织和自协调能力，能在复杂环境下进行综合分析、判断和决策。

综上所述，智能控制属于典型的交叉学科，与人工智能和自动控制的关系最为密切。在智能控制系统的实现上则必须依托计算机技术、检测技术、通信技术、电力电子技术和网络技术等现代信息技术。尽管至今对智能控制还无法给出准确的定义，但笼统地讲，智能控制就是综合运用自动控制、人工智能、系统科学等理论和方法,以信息技术为依托,最大限度地效仿人的智能,实现对复杂系统的控制。

智能控制产生于 20 世纪 60 年代。1965 年,"智能控制"概念首先被提出,1966 年应用于飞船控制系统的设计;1971 年,著名学者傅京孙从发展学习控制的角度首次提出智能控制这一新兴学科,标志着智能控制的诞生。20 世纪 70 年代是智能控制的形成时期,对智能控制的概念、方法及应用都进行了一些探索。进入 20 世纪 80 年代以后,智能控制的发展加快了速度,并开始应用于机器人控制、工业生产过程、家用电器等领域。20 世纪 90 年代以后,智能控制的研究成为热潮,其应用面迅速扩大到国防、能源、医疗、交通、汽车和建筑等多个领域,至今仍在快速的发展过程中。现在常用的智能控制方法主要有专家控制、模糊控制、神经网络控制、学习控制、生物控制和多智能体学习控制等。随着以 5G 为代表的移动互联网、边缘计算与云计算的出现,基于互联网、大数据和多智能体的智能控制是未来发展的热门领域。在后续内容中,我们将从简单到复杂,从低级到高级,探索智能控制的发展历程。

➡➡热门的智能控制

下面我们介绍热门的智能控制。

❖❖专家控制

很多人可能听说过专家系统，如用于医学诊断及咨询的专家系统，用于指导合理使用化肥或农药的专家系统，用于服装设计的专家系统，用于汽车故障诊断及维护的专家系统，用于中医诊断的中药抓药专家系统等。所谓"专家"，指的是具有某一领域专门知识或丰富实践经验的人，而专家系统则是一个计算机系统，该系统存有专家的知识和经验，并可用推理的方式针对问题给出结论。

简单地讲，专家控制就是将专家或现场操作人员的知识和经验总结成知识库，形成很多条规则，并利用计算机，通过推理来实施控制。设计合理时，专家控制系统应接近或相当于专家在现场进行控制。

上一部分讨论了小明家的加热器的 PID 控制问题（图13），从讨论过程可以看出，PID 控制实际上或多或少地体现了人的控制思想和控制方式，其参数的调整和确定往往也需要专家或操作人员的经验，但真正的专家控制会比 PID 控制灵活得多，其包含的知识和内涵也丰富得多，因此采用专家控制一般会比 PID 控制的效果更好。

为了更好理解,下面对专家控制过程进行简要说明。

同样考虑电加热炉的炉温控制问题,若采用专家控制,可以把人的操作经验总结为很多条规则来进行控制。例如,根据常识和经验,炉温显著偏离期望值时,无论其变化率多大或者多小,调整策略应当是:"与期望的温度比较,若炉温很低,则将控制量调至最大(加热电阻两端电压调至最大);若炉温很高,则将控制量调至最小(加热电阻两端电压调至最小)。"当炉温偏离期望值不多时,则调整时还应考虑其变化率大小,对应炉温较低时的调整策略是:"若炉温比较低,且没有上升或正在下降,则较大幅度调大控制量;若炉温比较低,且在缓慢上升,则中等幅度调大控制量;若炉温比较低,但上升较快,则适当调大控制量。"表1给出了电加热炉的专家控制经验。

要利用计算机来实现专家的控制思想和策略,就需要把专家的操作经验转换为计算机可以执行的规则,从而构成调节电加热炉炉温的专家控制系统,其方框图如图14所示。其中,用误差 e 表示炉温设定值与炉温检测值之差,炉温检测值与实际温度值大致呈线性关系,炉温设定值代表了期望温度,也满足同样的比例关系。这样,加热炉炉温的专家控制过程是:通过给定电位器给出控制电压,与炉温反馈信号对应的电压比较形成误差 e,误

差 e 通过专家控制系统的计算,得到小的控制电压,再经过功率放大器放大得到实际输出电压来控制电加热炉。

表 1 电加热炉的专家控制经验

专家规则	规则内容	具体操作
规则 1	若炉温很低,则将控制量调至最大	将加热电阻两端电压调至最大
规则 2	若炉温很高,则将控制量调至最小	将加热电阻两端电压调至最小
规则 3	若炉温比较低,且没有上升或正在下降,则较大幅度调大控制量	将加热电阻两端电压按照规律调节,电压调至较大
规则 4	若炉温比较低,且在缓慢上升,则中等幅度调大控制量	将加热电阻两端电压按照规律调节,电压调至适中
规则 5	若炉温比较低,但上升较快,则适当调大控制量	将加热电阻两端电压按照规律调节,电压调至较小

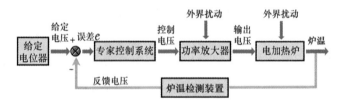

图 14 电加热炉炉温的专家控制系统方框图

与常规控制方法相比,专家控制的主要特点是:它依据知识的表达和基于知识的推理来进行问题的求解;专家控制系统所存储的知识既可以是定性的,也可以是定量的。因此,专家控制比常规控制更加灵活,运行更为方便可靠,对复杂环境的适应能力更强。

❖❖❖模糊控制

随着生活水平的不断提高，人们越来越享受生活，原因是家里使用了大量自动化家电，其中模糊自动控制家电是最先进的，有模糊洗衣机、模糊空调、模糊吸尘器、模糊电冰箱、模糊电饭锅、模糊微波炉、模糊热水器等，由此可见人们对模糊控制的喜欢程度。一定意义上讲，"模糊控制"就代表高质量、高品位、高端服务。那么它为什么这样受欢迎呢？

模糊控制的基础是"模糊逻辑"和"模糊集合"。模糊逻辑主要采用了人的智能思维模式，就是模糊语言。模糊语言的核心就是模糊集合。经典数学讲究"精确"，经典集合都有准确的定义，例如，所有正整数可以构成一个集合，1，2，3，…属于正整数集合，2，4，6，…属于偶数集合，但1，2，3，…不属于偶数集合。这就是经典集合的概念，它只能表达"属于"或"不属于"、"是"或"不是"，没有中间状态，但在人采用的语言描述中，很多事情或概念比较模糊，并非如此"是非分明"，因此无法用经典集合来描述。例如，气温有"高""低"之分，但"高"到什么程度，"低"到什么程度，则是无法用经典集合描述的。

模糊集合的提出正是为了克服这样的缺陷，其关键

是引入了一个"隶属度函数"的概念,用来表达某个元素属于某个集合的程度。隶属度函数的取值在 0～1,取 0 表示完全"不属于",取 1 表示完全"属于",介于二者之间时,则取值越大表示"属于"的程度越高,反之亦然。如果用横轴表示温度,纵轴表示隶属度 $\mu(x)$,那么气温的"冷""热""适中"的模糊集合可以直观而形象地表示为隶属度函数曲线。一般认为,0 ℃以下,肯定属于"冷",对应模糊集合"冷"的隶属度函数取值 1;0 ℃以上,则随着气温的升高,"冷"的程度逐渐降低,其隶属度函数取值开始逐渐变小。"适中"及"热"的情况与此类似,20 ℃左右为"适中",隶属度函数取值 1。在此基础上气温升高或降低都会使"适中"的程度逐渐降低;37 ℃及以上就肯定属于"热"。

模糊控制就是在上述模糊集合的基础上,利用人的思维中的模糊量,如"高""中""低""大""中""小"等。控制量由模糊推理导出。模糊控制的核心是控制规则,模糊控制中的知识表示、模糊规则和模糊推理是基于专家知识或熟练操作者的成熟经验。这些规则是用人类语言表示的,很容易被人接受和理解。以小明家的电加热炉为例,一台模糊电加热炉的模糊控制规则如下:

规则 1:如果温度误差为"较大",则调节电压为"大"。

规则 2：如果温度误差为"中"，则调节电压为"中"。

规则 3：如果温度误差为"小"，则调节电压为"较小"。

显然，模糊控制和专家控制有点像，但是模糊控制采用隶属度函数模型来表示模糊集合，可以采用精确的数学解析方法设计控制器，理论依据更强，更严谨。

模糊控制器的组成一般分为四个部分，即测量信息的模糊化、模糊规则库、推理机制、输出精确化等。测量信息的模糊化是将实测物理量转化为在该语言变量相应论域内不同语言值的模糊子集；模糊规则库是由一系列模糊规则形成的规则库；推理机制则使用数据库和模糊规则库，根据当前的系统状态信息来决定模糊控制的输出子集；输出精确化是将推理机制得到的模糊控制量转化为一个清晰、确定的输出控制量的过程。对于电加热炉来说，图 15 给出了其模糊控制系统典型结构图。"模糊集合"和"模糊控制"的概念是美国的扎德教授于 1965 年首先提出的，并在此基础上建立了"模糊数学"理论。1974 年，英国工程师玛达尼首次将模糊理论应用于蒸汽机控制。1985 年，AT&T 贝尔实验室研制出第一个模糊逻辑芯片。20 世纪 90 年代以来，模糊控制的领域更加广泛，除了以往工业过程应用以外，各种商业民用场合也大

量采用模糊控制技术,如模糊洗衣机、模糊微波炉、模糊空调、地铁的控制、机器人的控制、图像识别、故障诊断、数据压缩、移动通信、财政金融等领域。

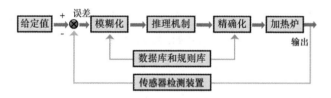

图 15　模糊控制系统典型结构图

综上分析,模糊控制是一种更人性化的方法,用模糊逻辑处理和分析现实世界,其过程更符合人类的控制过程。因此,相信模糊控制的应用前景更加广阔。

❖❖❖神经网络控制

2016 年 3 月 9 日,是值得铭记的一天,人工智能机器人"阿尔法狗"第一次战胜了围棋世界冠军、职业九段棋手李世石。2017 年 5 月,在中国乌镇围棋峰会上,"阿尔法狗"与排名世界第一的围棋冠军柯洁对战,以 3 比 0 的总比分获胜。围棋界公认"阿尔法狗"的围棋棋力已经超过人类职业围棋顶尖水平。那么,"阿尔法狗"为什么能够战胜人类呢?其主要采用了最新技术,如神经网络、深度学习、蒙特卡罗树搜索法等，其中神经网络是其使用的核心技术。那么，神经网络是什么呢？神经网络控制又是什么呢？

专家控制和模糊控制都是在宏观的外在功能上模仿人类大脑的分析和决策作用，而神经网络控制则是基于人脑神经组织的内部结构来模拟人脑的生理作用。人工神经网络是由很多人工神经元以某种方式相互连接而成的，就单个神经元而言，其结构和功能都很简单，但大量简单的神经元结合在一起却可以变得功能非常强大，能做很复杂的事情，完成高难度的任务。"阿尔法狗"为什么能够战胜围棋高手，其设计公司谷歌为"阿尔法狗"设计了两个神经网络："决策神经网络"负责选择下一步走法，"价值网络"则预测比赛胜利方，用人类围棋高手的三千万步围棋走法训练神经网络。与此同时，还赋予了"阿尔法狗"自主学习的能力，可以自行研究新策略，利用自己的神经网络运行了数千局围棋对弈，利用反复试验调整连接点，完成了大量学习工作。

研究人工神经元及神经网络的初衷是模拟人脑神经系统的作用机理，时至今日，人工神经网络被发现功能越来越强大，利用其强大的学习能力，通过学习训练来逐步逼近任意复杂的输入/输出特性，因此可以应用于自动控

自动化的核心和灵魂——自动控制

制、故障诊断、容错技术、信号处理、模式识别、文字识别、专家系统等诸多领域。

人工神经元及神经网络的产生和发展可以追溯到很久以前，1949年，唐纳德·赫布博士提出了一种神经元学习规则。1958年，弗兰克·罗森布拉特提出了基于神经网络的感知器模型，用来模拟人脑的感知和学习能力。1974年，哈佛大学的博士生保罗·沃伯斯提出了一种被称为"BP算法"的学习方法，BP也称为误差反向传播算法。1986年，鲁梅尔哈特等人又独立地提出了神经网络的反向传播学习方法，并证明了基于BP算法的神经网络能够无限逼近任意的输入/输出函数，由此对神经网络的研究进入迅速发展期。20世纪90年代后达到高潮，理论和应用都取得了令人瞩目的进展，并成功应用于自动控制、人工智能、信息处理和机械制造等诸多领域。

基于神经网络的控制研究是随着神经网络理论研究的不断深入而迅速发展的。根据神经网络在控制器中的作用不同，神经网络控制器可分为两类：一类为神经控制，它是以神经网络为基础而形成的独立智能控制系统；另一类为混合神经网络控制，它是利用神经网络学习和优化能力来改善传统的控制方法。神经网络是需要训练的，训练方式主要为导师学习下的控制器。

在很多情况下，为了实现某一个控制功能，可以选用神经网络控制器模拟人的操作行为，这种神经网络控制结构的学习样本直接来自专家的控制经验。同样，以小明家的电加热炉为例，将专家的控制经验整理为训练数据，其作为导师指导样本，来设计神经网络控制器。具体过程：利用表1提供的专家系统对电加热炉实施控制，控制后的数据作为神经网络的训练数据，神经网络的输入信号来自传感器的信息和命令信号，神经网络的输出就是专家控制器输出的具体数据，导师学习下的电加热炉的神经网络控制结构图如图16所示。一旦神经网络的训练达到了能够充分描述专家的控制行为，则网络训练结束，神经网络可以直接投入运行。基于导师学习的神经网络控制器结构简单，控制成功的可能性大。在功能上它模拟人类的控制技巧和行为，具有同专家控制相当的功能，从获得知识的角度来看，神经网络更胜一筹。如果在神经网络加入自学习，即无导师学习，通过人工智能技术，例如决策树、支持向量机、自适应聚类技术等，那么神经网络就具备了自我完善和学习的功能。"阿尔法狗"就具备这样的功能，其具有自我学习、推理和决策能力，这也是神经网络技术未来的发展方向。

自动化的核心和灵魂——自动控制

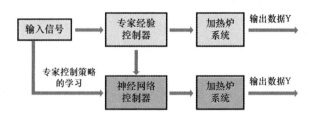

图 16　导师学习下的电加热炉的神经网络控制结构图

❖❖❖智能控制的时代

通过对前面智能控制及其几种典型方法的介绍可以看出，现有的各种智能控制方法都具有各自明显的优势和特点，如果将不同的方法有机结合在一起，取长补短，那么可以获得单一方法所难以达到的效果，如神经网络与模糊控制相结合构成模糊神经网络控制、基于专家系统的专家模糊控制、基于遗传算法或进化机制的神经网络控制等。

虽然智能控制与传统的常规控制方法在很多方面存在本质区别，但是智能控制仍然属于传统控制方法的延伸和发展，是自动控制发展的高级阶段。智能控制与常规控制并不是相互排斥的，而是可以有机结合或相互融合的。例如，常规的 PID 控制可以和智能控制结合构成所谓的"智能 PID 控制",可以利用专家系统、模糊推理或神经网络来自动调整 PID 控制器的三个控制参数。对于比较复杂的系统,反馈信息往往包含图像、声音、文字、统计数据、各种实时变量等,在这种情况下,控制系统通常需要综合运用多种"智能"手段(包括群智能优化算法、数据挖掘、深度学习、边缘学习、迁移学习和聚类技术等)、智能控制与常规控制相结合的方式来解决问题。

当前,随着 5G、工业互联网、云计算、边缘计算、机器人以及人工智能等技术的推广普及,智能控制成为这场人工智能大潮中的弄潮儿,它可以在很多方面大显身手,可以被广泛应用于社会各个领域,解决大批传统控制无法解决或难以奏效的实际控制问题,展现出强大的生命力和发展前景。例如,各种家用电器、各类生产过程等应用智能控制不仅避免了耗时费力的常规建模过程,而且控制系统的设计通常也更简便,控制效果更好,例如:智能控制的空调更节能,温度波动更小;智能控制的洗衣机洗衣服更干净,衣物磨损更小,耗水量更少;等等。对于复杂系统,例如城市智能交通、智能电力系统、智能工厂、智能型自主机器人等复杂系统的控制,往往依靠智能控制才能获得满意的控制效果。

智能控制尽管已经取得了大量的研究和应用成果,

但在控制领域仍然属于比较"年轻"的阶段，还处在朝气
蓬勃时期。随着基础理论的不断创新，人工智能技术和
计算机技术的迅猛发展，以及实际应用领域的不断扩大，
智能控制必将迎来新的发展高潮，迎来"海阔凭鱼跃，天
高任鸟飞"的智能大时代。

　　通过本部分我们了解了什么是自动控制，它有什么
特点，它有哪些控制方法，那么自动控制和技术有哪些应
用呢？"春风得意马蹄疾，一日看尽长安花。"走，这就去
看看……

丰富多彩的自动化

> 天地有大美而不言,四时有明法而不议,万物有成理而不说。圣人者,原天地之美而达万物之理。
>
> ——庄子

往事越千年,21世纪已经进入了数字化、网络化、信息化、自动化、智能化的时代。自动化技术已经从早期的工业生产、航空航天、国防军事领域,脱去了神秘的外衣,进入生活的方方面面。

伟大的思想导师马克思说过"对和谐之美的追求是人类的本能"。和谐,是万物认识自然、回归自然后,自然界(天地、人类社会、万物)达到最自然、最协调的境界,也是世间最文明的景象。自然之美在于和谐:山清与水秀的和谐,花香与鸟语的和谐,蓝天与绿地的和谐。艺术之

美在于和谐：文学之美在于语言的和谐，音乐之美在于韵律的和谐，舞蹈之美在于神形的和谐，绘画之美在于线条和色彩的和谐，书法之美在于笔法和章法的和谐，律诗之美在于词句和心灵的和谐……

同样，自动化也是人和技术的和谐共生产物，其美在于设计之妙想、控制之稳定、智能之灵巧、质量之优良、服务之人性。在和谐发展中，让我们领略温馨的智能家居、智能汽车驾驶系统、智能的交通自动化、智能的电力自动化、智能的机器人、智能的先进制造与自动化、美妙的航天飞行与自动化等的风采吧！

▶▶智能的家居自动化

早晨，当您还在熟睡时，轻柔的音乐缓缓响起，卧室的窗帘准时自动拉开，温暖的阳光静静洒进屋里，呼唤您新的一天开始了。当您起床洗漱时，营养早餐已经做好，带着恬静心情进餐后，音响自动关机，提醒您准备上班。晚上，下班回家后窗帘自动关闭，室内灯光自动打开，用手机、平板电脑，用语音或者手指启动家里的空调、电视、音响，把家营造成为倦鸟归巢的港湾。这样的场景并非一场梦，如今已经成为现实。它就是智能家居。那么什么是智能家居呢？

智能家居以住宅为平台,利用综合布线技术、网络通信技术、安全防范技术、自动控制技术、音视频技术等相关技术将家居生活的有关设施集成,构建成高效的住宅设施与家庭日常事务的管理系统,进而提升家居安全性、便利性、舒适性、艺术性,并实现环保节能的居住环境。

智能家居是在互联网影响之下物联化的体现。智能家居通过物联网技术将家中的各种设备(如音视频设备、照明系统、窗帘控制、空调控制、安防系统、数字影院系统、影音服务器、影柜系统、网络家电等)连接到一起,提供家电控制、照明控制、电话远程控制、室内外遥控、防盗报警、环境监测、暖通控制、红外转发以及可编程定时控制等多种功能和手段。因此,智能家居也可以称为"自动化家居""网络家居""物联网家居"。

对于家居自动化,最简单的形式就是单独控制每个设备,如电冰箱、空调、洗衣机、计算机及网络等。实际上,我国的大多数家庭目前都停留在这个水平上。随着信息技术的发展、各种有线和无线网络的普及,网络技术在家庭自动化系统中得到普遍应用,网络家电/信息家电不断成熟,很多智能化和网络化的功能开始和新产品不断地尝试融合。单纯的家庭自动化产品越来越少,其核心地位也逐渐被家庭网络/家庭信息系统所取代。随着

丰富多彩的自动化

产品作为网络化系统的一个有机组成部分在家庭自动化系统中发挥作用，网络化成为家居自动化的重要特征之一。

网络化不仅将家庭的家电设备联网，还可以和电话网、移动通信网、互联网、电力网等外网连接，将各种不同的设备相互连接起来，构成内网。因此，人们可以方便地在家中的任何地方对设备进行设置和控制，也可以通过手机、电话、平板电脑和计算机等向家里的设备发送指令，实现远程控制。

在网络化的基础上，各种数据、信息和功能可以共享，并整合到一个物联网平台上进行操作。只用一个遥控器、一个手机、一个平板电脑或者其他电子设备，就可以在室内的任何地方操控所有家用电器。显示屏既可以用来看电视，也可以用于计算机，还可以通过触屏形式控制空调、音响等（图17）。基于网络化和数字化的家庭自动化系统可以融入更多的人工智能手段，使系统和设备越来越"聪明"，越来越"智能"，自动化的程度越来越高。"网络化""数字化""智能化""自动化"成为家居自动化发展的重要趋势。

迄今为止，家居自动化技术的发展已有40多年的历

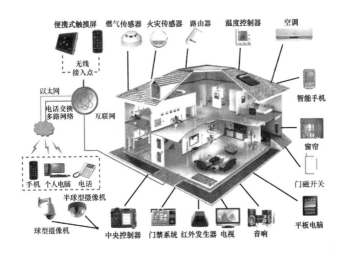

便携式触摸屏　燃气传感器　火灾传感器　路由器　温度控制器　空调

无线
接入点

以太网

电话交换
多路网络　互联网

智能手机

窗帘

手机　个人电脑　电话

半球型摄像机

门磁开关

球型摄像机

中央控制器　门禁系统　红外发生器　电视　音响

平板电脑

图 17　智能家居的自动化系统

史。日本的一些公司最早提出了"家居自动化"这一概念,并于 1978 年设计出了家庭自动化系统的基本方案,在 1983 年发布了住宅总线系统的第一个标准。美国于 1979 年推出了实用性很强的 X10 系统,通过电力线载波技术将家庭中各个家电设备互联和数据传输,实现"即插即用"技术,在全球范围内得到了迅速推广,对家居自动化技术的发展产生了较大的影响。我国海尔集团、海信集团等公司也先后开展了家庭自动化或智能家居的研究,推出了多种标准、技术和产品。我国家电市场已出现

了可用电话遥控的电饭锅、热水器、电冰箱、空调等网络家电产品，这一系列新颖的科技成果，引起了市场的广泛关注。在很多城市还出现了智能示范小区，包括将智能化系统引入家庭，利用综合布线将各种设备连成网络，电话、电视、计算机三网合一并入户等技术。一般都能够提供家庭防盗、燃气水电三表自动抄送、远程家庭医疗看护、远程监控家电和数据、图像传输、设备故障诊断、设备控制软件升级换代等功能。

由于家居自动化系统采用网络化技术，其家庭网络是最基本的条件，相当于住宅的"神经系统"。通过无线网络、网络协议和网络家电通信标准，将各类网络家电设备连接起来，不仅实现了家电之间的相互通信，相互配合，协同工作，进而形成一个有机的整体，而且通过网关与住宅小区的局域网和外部的互联网相连接，采用区块链技术实现购物、缴费、查表等功能。图 18 为智能家居的基本结构。

从整体上看，家居自动化系统相当于一个中等规模的复杂反馈系统，包含多个设备和子系统，需要大量的传感检测装置采集数据、获取信息，并传送给计算机。计算机对这些数据和信息进行分析、计算、判断和处理后，实施相应的控制动作或做出相应的反应。实现网络化、智能化和自动化的家居环境将不再是一户静态的居室,而成为主动为主人服务,为主人解决问题的智能化工具。

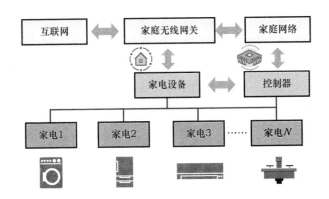

图 18　智能家居的基本结构

让我们再畅想一下使用智能家居的幸福生活。清晨,当您在酣睡时,家里的很多智能设备已经开始为您服务了。热水器准备了洗浴的温水,电子钟奏响了轻快舞曲,自动窗帘缓缓地拉开。洗漱完后,美味可口的早餐已经准备好,音响根据主人的爱好自动播放音乐、早间新闻、天气预报。出门时,语音装置会提示一天工作日程安排及应携带的物品。当您离开后,系统自动关闭不需要的电源,检查水和煤气的安全性,启动防盗报警装置……这已不是遥远的幻想世界。驾驭信息新科技,畅享人性

智家居，智能家居让我们每个人都顺心、舒心、放心、开心！

▶▶智能的汽车驾驶系统

我们经常能从电影和电视中看到方程式赛车比赛：马达嗡嗡作响，时而低沉，时而高亢；赛车则时而迅猛飞驰，时而呼啸漂移过弯道。那份震撼总是让人记忆深刻。那么是什么控制方式让方程式赛车如此驯服、安全地行驶呢？答案是采用了智能汽车驾驶系统。那么，它是如何应用自动化技术的？

在飞机、轮船、火车、汽车等诸多现代交通工具中，无论在社会拥有量，还是使用的频繁程度或使用的方便性上，汽车都占据极其重要的地位。随着现代科技的迅猛发展，新材料、新结构和新技术不断被运用到汽车上，特别是电子、信息和自动化技术的应用，使汽车的动力性、安全性、经济性、舒适性、易操作性、排放性等得到全面改善和大幅度提升。据统计，20世纪80年代初，汽车上的电子设备只占整车成本的2%左右，而目前各种电子控制装置的成本已占到整车成本的25%左右，高档轿车甚至会达到50%左右，方程式赛车更是高达60%，而且这一比例还在持续提高。一辆中高档轿车上通常装有几十个微处理器,这表明汽车早已不再是以机械装置为主的交通工具,而是装备了大量高科技设备的机电一体化的自动化移动平台。自动化技术在汽车中扮演着举足轻重的角色,发挥着越来越重要的作用。

在现代汽车技术中,发展趋势为微处理器和网络化的综合自动化,控制系统由原来的单一功能控制转向多种功能的综合优化和汽车整体性能的提高。如图19所示,汽车自动化技术主要应用领域体现在四个方面:汽车动力及传动装置自动控制,主要包括汽车发动机自动控制、汽车变速器自动控制;汽车车辆自动控制,主要包括

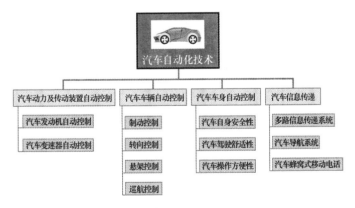

图 19　汽车自动化技术的层次结构图

制动控制、转向控制、悬架控制、巡航控制；汽车车身自动控制，主要包括汽车自身安全性、汽车驾驶舒适性、汽车操作方便性；汽车信息传递，主要包括多路信息传递系统、汽车导航系统、汽车蜂窝式移动电话等。

　　汽车中的大部分自动控制系统属于计算机反馈控制，即根据检测到的汽车运行参数，经计算机运算后作用于执行机构，从而控制或调节汽车的运行状态。以转向、制动等控制为例，汽车自动控制系统的基本组成结构主要有传感器、控制器和执行器三部分。传感器检测汽车发动机、变速器、制动系统、转向系统或悬挂系统等的运行状况、健康状况和对故障的诊断，经滤波、放大等处理后，再经模拟量-数字量转换器（A/D 转换器）等转换为数字信号输送到以单片机嵌入式系统等为核心的计算机控制器。控制器将这些状态信息与给定输入进行比较判断。如果汽车实际的转向、制动等运行状况与指令的要求之间有偏差，控制器则通过控制算法来进行控制决策，计算出控制信号并传送给执行器，从而调节汽车的转向、制动等，使执行结果与指令一致。这就是汽车自动控制系统对其运行状况进行自动调节的最基本原理。汽车自动控制系统是一个闭环控制系统。其优点在于能够根据反馈信息自动进行调节，相比于开环控制系统，具有明显的优越性,具有抗扰能力强、控制精度高的特点。另外,在控制器的设计上,根据性能要求,可以采用普通闭环控制、PID 控制、鲁棒控制、自适应控制、模糊控制、神经网络控制、学习控制等控制方法。

随着 5G 技术、区块链技术、半导体技术、物联网技术的迅速发展以及多核计算机、千兆以太网交换机、激光雷达、毫米波雷达、数字摄像机、组合导航系统、轮速编码器等设备的应用,汽车自动驾驶系统在软硬件及结构设计方面都得到了优化与创新。先进的汽车自动驾驶系统在主控单元、决策单元、感知单元、导航单元、规划单元、控制单元和执行单元等方面(例如,车辆的底层改装、人工认知系统体系结构、多源异构信息融合技术、基于摄像机/激光雷达的自然环境感知技术、动态地图建构、智能决策技术、智能综合控制技术、高精度组合导航技术、各种交通标志的自动识别技术、地理信息系统与全局路径规划等)全面与人工智能、计算机技术、自动控制技术相结合。相信未来的汽车自动驾驶系统会更加信息化、自动化、数字化、网络化和智能化。因此,可以相信未来自动化技术必然在汽车自动化领域大有可为。徜徉创新智科技,迅驰控制新引擎。汽车自动驾驶系统会让我们每个人安心、开心、舒心!

▶▶智能的交通自动化

如果您去参加一位朋友组织的聚会,不知道如何到达聚会地点,接下来的动作一定是打开手机上的智能地图 App,在智能地图 App 中输入具体聚会地点并定位。于是,智能导航系统就会指导您开车出发,途中既有红绿灯的提示,又有违法拍照的善意提示,更有过立交桥时左右通行的提示,仿佛交通管理系统无处不在。那么,智能地图 App 为什么能完成智能导航呢?原因是整个导航系统通过城市智能交通系统管理完成。那么,什么是智能交通系统?它是如何应用自动化技术的?

智能交通系统是在较完善的道路设施基础上,运用计算机、传感器、通信、自动控制、人工智能等先进技术将各种交通方式的信息及道路状况进行采集、分析,通过远程通信和信息技术,将这些信息实时地提供给出行者和交通管理者,使整个交通系统的通行能力和使用率达到最大。

智能交通系统将出行者、道路和交通运输工具三者作为一个整体系统来综合考虑,因此,交通运输基础设施得以发挥最大效能,车辆堵塞和交通拥挤得到极大缓解,出行者的安全性和舒适度得到明显提高,并通过节约能

68

源和保护环境使社会获得巨大的经济效益。同时,智能
交通系统又开拓了个性化的移动服务,为大数据、云计
算、物联网等新一代技术提供应用环境和广阔的市场空
间。手机上的导航系统和汽车上的导航系统均来自智能
交通系统的个性化服务。

智能交通系统仍处于研究和发展阶段,其内涵、功能
和规模不断发展扩大。一个智能交通系统的基本组成部
分一般包括如下八个方面的内容。

➡➡交通管理系统

交通管理系统依靠先进的检测技术、计算机信息管
理技术和通信技术,对城市道路和实际高速公路综合网
络的交通运营和设施进行一体化的控制与管理。通过交
通管理系统监测车辆运行来控制交通量,快速准确地处
理管辖区内发生的各种事件,为出行者和其他道路使用
者以及交通管理人员提供实时的交通信息和最优路径引
导,使交通流始终处于最佳状态。

➡➡出行者信息系统

出行者信息系统的目标是为出行者提供准确实时的
地铁、轻轨和公共汽车等公共交通的服务信息。该系统
的核心是通过电子出行指南来收集各种公共交通设施的

丰富多彩的自动化

静态和动态服务信息,向出行者提供实时的公共交通和
道路状况等,以帮助出行者选择出行方式、出行时间和出
行路线。该系统主要包括车载路径引导系统、停车场停
车导引和数字地图数据库。

➡ ➡ 公共运输系统

公共运输系统利用先进的信息和通信技术,动态实
时地采集公交车辆的行驶状态信息、公交车辆运营信息
以及道路系统和换乘系统的交通状态信息等公共交通信
息,加以处理后提供给用户。它最大限度地确保了公交
车辆的准时性,在公交沿途的各停靠站提供到站时间表,
并同时提供行驶中车辆的动态信息(如现在所处的位置、
到达本站所需要的时间等)。这将极大地提高公共交通
系统的吸引力,有助于公共交通使用者出行、换乘和出发
时间的选择,提高使用者的便利程度。

➡ ➡ 商用车辆运营系统

商用车辆运营系统是专为运输企业(主要是经营大
型货运卡车和远程客运汽车的企业)提高营利能力而开
发的智能型运营管理技术,目的在于提高商业车辆的运
营效率和安全性。它以卫星、路边信号标杆、电子地图的
控制中心和车辆通过数据通信为依托,利用车辆自动定

位、车辆自动识别、车辆自动分类和动态称重等设备,辅助企业的车辆调度中心对运营车辆进行调度管理,及时掌握车辆的位置、货物负荷情况、车辆的移动路径等有关信息,提高车辆的使用效率,降低企业的运营成本。

→→**车辆控制和安全系统**

车辆控制和安全系统是建立在完善的信息网络基础之上,对车辆进行监管及控制的电子系统。该系统包含车辆辅助安全驾驶系统和自动驾驶系统。车辆辅助安全驾驶系统由车载传感器(微波雷达、激光雷达、摄像机、其他形式的传感器等)、车载计算机和控制执行机构等组成。行驶中的车辆通过车载传感器测定出与前车、周围车辆以及道路设施的距离,系统及时向驾驶员发出警报,在紧急情况下强制制动车辆。自动驾驶系统具备自动导向、自动检测和回避障碍物的功能,在公路上,能够使车辆在较高的速度下自动保持与前车的距离,从而有效地防止事故的发生。

→→**自动化公路系统**

自动化公路系统可以实现车辆自动导航和控制、交通管理以及事故处理的自动化,是智能车辆控制系统和智能道路系统的集成。自动化公路系统使车辆通过车载

丰富多彩的自动化

装置自动与车道上的标志、周围车辆或智能交通设施相互配合,以控制车辆的速度、方向和与其他车辆的距离。自动化公路系统可以使驾驶员更轻松地驾驶车辆,对前方的险情及早示警,从而降低驾驶风险。

➡➡乡村运输系统

乡村运输系统是根据乡镇运输的特殊需要,将智能交通系统技术应用到乡村和城镇运输环境中。该系统主要包括紧急呼救和响应、事故防止、不利道路和交通环境的实时警告等。

➡➡电子不停车收费系统

电子不停车收费系统是指高速公路或桥梁收费站自动收费。通过安装在车辆挡风玻璃上的车载电子标签与在收费站 ETC 车道上的微波天线之间进行专用短程通信,利用计算机联网技术与银行进行后台结算处理,从而达到车辆通过高速公路或桥梁收费站时无须停车即能交纳高速公路或桥梁通行费用的目的。

在智能交通系统中,城市智能交通控制管理是非常重要的环节。城市智能交通控制管理系统是面向全市的交通数据监测、交通信号灯控制与交通引导的计算机控制系统。它是现代城市交通监控系统中重要的组成部分,主要用于城市道路交通控制与管理,对提高城市道路的通行能力、缓解城市交通拥挤起着重要作用。

城市智能交通控制管理系统能实现区域或整个城市交通监控系统的统一控制、协调和管理。城市智能交通控制管理系统可分为指挥中心公共信息集成平台以及交通管理自动化系统、信号控制系统、视频监控系统、信息采集及传输和处理系统、车辆定位系统等多个子系统。

通过智能交通系统的介绍,我们能够看到智能交通系统可以进行空中管控和地面管理。随着5G技术、大数据、云计算等新技术的加入,智能交通系统将更加智能。智能交通千轮过,文明通行万家安。相信未来的智能交通系统会给我们的生活带来更多的美好和便利。

▶▶智能的电力系统自动化

夜晚,在高楼阳台凭栏远眺,眼帘漫入万千美景。万家灯火,交相辉映,亮度不同,颜色迥异。黄的似金,白的似雪,红的似火,粉的似霞。灯光一簇簇、一排排、一层层,不是繁星,却点缀了天幕,把城市渲染得流光溢彩,华丽绚烂。那么这些炫丽的霓虹彩霞来自哪里呢?它们均来自电力系统自动化发出的电。因此,让我们来了解一

丰富多彩的自动化

下电力系统自动化吧！

相对于石油、煤炭等一次能源而言,电力是现代社会使用最广泛的二次能源,对各行各业和人们的日常生活都有着非常大的影响。电力主要来源于火力、水力、核能以及一些新能源。太阳能、风能、海洋能、生物能、氢能等产生的电力目前还只能是一种补充。电力能源通过发电、输电、变电、配电、用电等环节为工矿企业、事业机构、商业机构和家庭用户等提供安全可靠的电力供应,而发电、输电、变电、配电、用电等环节就构成了电力系统。电力系统是经济社会发展的基础设施和重要的公用事业,依地域分布、系统结构复杂程度等呈现出不同的形式和规模。不管是何种形式和规模的电力系统,基本要求主要体现在安全性、经济性和供电质量三个方面。为了满足这些基本的要求,电力系统的自动化自然必不可少。

电力系统自动化对电网的安全运行如此重要,那么什么是电力系统自动化呢？举个简单的例子,公共电网供应到家庭用户的单相交流电频率为50赫兹,电压幅值为220伏。电压若偏离这些给定值,则会引起家用电器设备不能正常工作,甚至损坏。因此电力企业需采用自动调压和自动调频装置或设备来控制电压和频率保持恒定,这就是电力系统中采用自动化技术的一个例子。当然,电力系统涉及环节多,地域分布广,系统结构特别复杂,因而在电力系统中需要越来越多的自动化技术来保证系统的稳定性和质量。

电力自动化系统是一个总称,从不同的侧面可以将电力系统自动化的内容划分为几个不同的部分。按照电力系统的运行管理方式进行划分,电力系统自动化可以分为调度自动化、电厂自动化和变电站自动化。调度自动化又分为输电调度自动化、配电网调度自动化。电厂自动化又分为火电厂自动化、水电厂自动化、核电站自动化、新能源发电自动化等。变电站自动化又分为集中式自动化和分层式自动化。

➡➡调度自动化系统

调度自动化系统的系统功能规划和技术装备配置方案是电力系统设计的组成部分。它以电力系统发展规划、调度管理体制和调度职责分工为依据,从分析电力系统特点、运行需要和基础条件出发,提出与调度关系相适应,符合可靠性、实用性和经济性且便于扩充发展的总体方案及实施步骤。电力系统是由许多发电厂、变电所、输电线以及用户组成的。电力系统调度必须采用自动化管理系统,由调度中心的运行人员和计算机系统对当前系

统的运行状态进行分析与计算,最后再将计算结果及决策命令通过远程通道送至各个厂(站),从而实现电力系统的安全经济运行。

调度自动化系统的主站安装在调度所,远动终端安装在各发电厂和变电站。主站和远动终端之间通过远动通道实现相互通信、数据采集、远程监控与集中控制。远动终端是调度自动化系统与电力系统相连接的装置,其功能之一是采集所在厂(站)设备的运行状态和运行参数,如电压、电流、有功和无功功率、有功和无功电量、频率、水位、断路器分合信号、继电保护动作信号等。远动终端采集的信息通过通信通道送到主站。远动终端的第二个功能是接收主站通过通信通道送来的调度命令,输出断路器控制信号、功率调节信号,上传给其所在厂(站)的自动控制装置,并向主站返回已完成的操作信息。

➡➡电厂自动化系统

电厂自动化系统是基于先进的网络通信、自动化控制、微机继电保护技术以及可靠的产品,为用户提供现代化的设备监视控制管理和远程在线监测,确保电力系统稳定可靠供应以及电力负荷的最优化管理。电厂自动化系统随电厂的类型不同而有所不同,主要可分为火电厂自动化、水电厂自动化、核电站自动化、新能源（风电、太阳能、生物能和氢能等）发电自动化系统等。

火电厂在发电厂中占比较大，火电厂一般利用化石燃料燃烧释放出来的热能进行发电。根据动力设备的类型不同，火电厂可分为蒸汽动力发电厂、汽轮机发电厂和内燃机发电厂。蒸汽动力发电厂的主要动力设备有锅炉、汽轮机、汽轮发电机以及相关辅助设备。在火电厂，燃料在锅炉内燃烧并放出热量，将水加热成水蒸气，水蒸气在汽轮机内转换为转子转动的机械能，再由汽轮机驱动发电机将汽轮机输出的机械能转换成电能，最后由配电装置将电能输送入电网。汽轮机的排气进入凝汽器后被冷凝成水，由凝结水泵经低压加热器送入除氧器，最后再经给水泵通过高压加热器送回锅炉，这样就实现了火电厂的连续电能生产。

火电厂自动化是一门综合技术。它的主要功能包括自动检测、自动保护、顺序控制、连续控制、管理和信息处理这六个部分。火电厂自动化通过各种自动化系统实现。大容量火力发电机组的自动化系统主要包括计算机监视（或数据采集）系统、机炉协调主控制系统、锅炉控制系统、汽轮机控制系统、发电机控制系统、辅助设备及各支持系统等。火电厂发电机组自动控制系统主要包括发

电机励磁自动控制系统、发电机组调速自动控制系统和
发电机同期并列控制系统。发电机及其励磁系统组成发
电机励磁自动控制系统,控制发电机电压和无功功率;汽
轮机、发电机和调速系统组成发电机组调速自动控制系
统,控制发电机转速(频率)和无功功率;自动同期并列装
置和断路器控制组成发电机同期并列控制系统,其作用
是使发电机输出的电压、频率、相位角等与电网基本一
致,否则将会造成严重事故。

➡➡变电站自动化系统

　　变电站自动化系统是指利用微机技术重新组合与优
化设计变电站二次设备的功能,以实现对变电站的自动
监视、控制、测量与协调的一种综合性自动化系统。变电
站是电力系统中变换电压、接收和分配电能、控制电能流
向和调整电压的电力设施。它通过变压器将各种电压等
级的电网联系起来。随着微机监控技术在电力系统和电
厂自动化系统中的不断发展,微机监控技术也开始引入
变电站,变电站正在向综合自动化、智能化方向发展。目
前我国已实现了变电站的远程监视控制,大力开展了无
人值班变电站的工作。无人值班变电站将变电站的综合
自动化程度推向一个更高的阶段,其功能包括变电站的
远动、继电保护、远程开关操作、自动测量、故障和事故的

自动记录等。

➡➡ 电力系统中的自动化装置

电力系统中的自动化装置旨在为电力系统安全、可靠、经济地运行服务。它主要是指发电机组的自动控制装置,如发电机组的自动并列装置、自动励磁装置、自动解列装置、自动检测故障装置、发电厂变电所主接线操作和运行的自动控制装置,以及电力系统的安全自动控制装置,如低频减载装置、自动重合闸装置、继电保护装置等。

随着 5G 技术、区块链、物联网等技术的迅速发展,我们可建立更先进的现代能源电力自动化系统,以此实现安全、高效、绿色、低碳的发电。夜色阑珊霓虹赏,智慧电能处处强;创新技术传佳讯,流光溢彩照家房。在自动化技术的引领下,未来一定能实现电力系统全面智能化。

▶▶ 形形色色的机器人

随着科学技术的发展,科学家和工程师设计出各种各样的机器人,例如,扫地机器人、擦窗户机器人、家庭服务机器人、医疗服务机器人、老人服务机器人、工业服务机器人等具备各种专长的社会服务型机器人。它们会多

79

丰富多彩的自动化

种语言,可以有条不紊地处理很多事情,让您的学习、工作、生活变得舒心、安心、放心。随着人工智能技术的迅速发展,机器人已成为我们生活中重要的一部分。那么机器人的自动化技术是什么呢？

机器人作为 20 世纪人类最伟大的发明之一,是一种典型的光机电一体化的自动化装置,也是具有代表性的高新技术产品。机器人技术建立在机械、电子、电气、计算机、检测、通信、自动控制、语音和图形图像处理等多学科发展的基础之上,以及在上述技术基础上进行的综合集成。机器人的出现及其进一步完善将把人从直接生产的部分岗位中解放出来,是当今各个领域进一步实现自动化的有力工具,将对各行各业乃至整个社会带来极大的影响。

世界上第一台机器人试验样机于 1954 年诞生于美国,机器人产品则问世于 20 世纪 60 年代。20 世纪80 年代中期,第三次信息技术革命浪潮冲击着全世界。在这个浪潮中,机器人技术起着先锋作用,工业机器人总数每年以 30％的速度在增长,推动汽车及相关制造工业形成全球规模的产业。在基础设施、服务、娱乐、医疗、深海、外太空等非制造行业,机器人也正在发挥着巨大且不可替代的作用。机器人的种类之多、应用之广、影响之深、智能化程度之高都是人们始料未及的。

中国的机器人技术起步较晚。1986年,我国把智能机器人列为高技术发展计划,研究目标是跟踪世界先进水平。国家"七五"科技攻关计划重点发展工业机器人,包括弧焊、点焊、喷漆、上下料搬运等机器人以及水下机器人。"十二五"和"十三五"期间,中国的机器人技术和水平发展非常快。目前已研制出具有自主知识产权的多种工业机器人系列产品,部分已进入批量生产;也开发了非常多的特种机器人系统,建立了十余个机器人研发中心和几十个机器人产业化基地。在一些领域中,如水下机器人、空间机器人等已达到世界领先水平。

通常意义上,可以定义机器人是由程序控制,具有人或生物的某些功能,可以完全或部分代替人进行工作的机器,比如能做手臂动作,能在地上行走,能在水中游动等。它的外形可以像人,也可以完全不像人,重在其功能的实现。智能化程度高的机器人可以通过传感器了解外部环境或者"身体内在"的状态与变化,甚至可以做出自己的逻辑推理、判断与决策,这就是目前所说的智能机器人。

机器人的整体组成应至少具备两部分要素:控制部

分和直接进行工作部分。机器人控制系统由计算机硬件
系统及操作控制软件、输入/输出设备、驱动器和传感器
等系统构成。计算机是机器人的大脑，传感器是机器人
的感觉器官。常用的传感器有视觉、触觉、力矩传感器，
还有温度、压力、流量、测速传感器等各类传感器。输入/
输出设备是人与机器人的交互工具，常用的有显示器、键
盘、网络接口等。

机器人可以根据不同的标准分成很多类型。按用途
来划分，可以分为工业机器人、水下机器人、空间机器人、
服务机器人等。应用于不同领域的机器人不仅在用途
上，而且在结构和性能上会有很大的不同。接下来，让我
们一起领略形形色色机器人的风采吧！

➡➡工业机器人

工业机器人是由机器人机械本体和控制装置（硬件
和软件）构成的机电一体化自动化装置，能够在工业生产
线中自动完成点焊、弧焊、喷漆、切割、装配、搬运、包装、
码垛等作业。因其具有重复精度高、可靠性好、实用性强
等优点而广泛应用于汽车、电子、食品、钢铁、化工等多个
行业。

研制开发工业机器人的初衷是使工人能够从单调重

复的作业或危险、恶劣环境的作业中得到解放。但近年来,工厂和企业引进工业机器人的主要目的则是提高生产效率,保证产品质量,节约劳动成本和制造成本,增强生产灵活性,提高企业竞争力。工业机器人的主要特点可归纳为:能高强度地、持久地在各种生产和工作环境中从事单调重复的劳动;对工作环境有很强的适应能力,能代替人在有害和危险场所从事工作;动作准确性高,可保证产品质量的稳定性;具有很广泛的通用性和独特的柔性,比一般自动化设备具有更广泛的用途,既能满足大批量生产的需要,也可以通过软件调整等手段加工多种零部件,可以灵活、迅速地实现多品种、小批量的生产。

➡️➡️水下机器人

海底世界不仅压力大,而且能见度低,环境非常恶劣。不论是沉船打捞、海上救生、光缆铺设,还是资源勘探和开采,一般的设备都很难完成。于是,人们将目光集中到了机器人身上,希望通过水下机器人来解开大海之谜,为人类开拓更广阔的生存空间。

水下机器人也被称为无人潜水器,准确地说,它不是人们通常想象的具有人形的机器,而是一种可以在水下代替人完成某种任务的装置。其外形更像一艘潜艇,适

丰富多彩的自动化

合于长时间、大范围的水下作业。

按照无人潜水器与水面支持设备（母船或平台）间联系方式的不同，水下机器人可以分为两大类。一类是有缆水下机器人，习惯上把它称为水下遥控运载体。母船通过电缆向水下遥控运载体提供动力，人可以在母船上通过电缆对水下遥控运载体进行遥控。另一类是无缆水下机器人，习惯上把它称为水下自主式无人运载体。水下自主式无人运载体一般自带能源，依靠自身的自治能力来管理和控制自己以完成人赋予的使命。

水下机器人的发展已有较长的历史。1956 年，美国成功研制了世界上第一台有缆水下机器人"CURV1"。1966 年，它与载人潜水器配合，在西班牙外海找到并打捞了一颗失落在海底的氢弹，引起了极大的轰动。20 世纪70 年代，有缆水下机器人产业开始形成，并在海洋研究、近海油气开发、矿物资源调查取样、打捞和军事等方面获得了广泛应用。

我国研制水下机器人起步较晚。1994 年，中国科学院沈阳自动化研究所研制成功了"探索者"号无缆水下机器人，其工作深度达到了 1 000 米。随着国家科学技术的全面进步，水下机器人的研究已经达到了世界先进水平。

我国自主研制的"潜龙二号"机器人,采用全新非回转体立鳊鱼形设计,采用了复杂海底地形下避碰控制方法、高精度磁力探测、热液异常综合探测及数据快速处理等关键技术。2020年,我国最新"蛟龙号"潜水器可以潜水至7 000米,目前是同类潜水器到达的最大深度。该潜水器可以实现海底照相和摄像、沉积物和矿物取样、生物和微生物取样、标志物布放、海底地形地貌测量等作业。

研制开发水下机器人是为了在能见度低、环境非常恶劣的深水环境下,完成海上救生、光缆铺设、资源勘探、资源开采等工作。水下机器人的主要特点可归纳为:能高强度、持久地在各种海底环境中从事单调重复的劳动;对工作环境有很强的适应能力,能代替人在能见度低、环境非常恶劣的深水环境从事工作;动作准确性高,可保证工作质量的稳定性。

➡➡空间机器人

空间机器人是指在大气层内、外从事各种作业的机器人,包括在内层空间飞行并进行观测、可完成多种作业的飞行机器人,到外层空间其他星球上进行探测作业的星球探测机器人和在各种航天器里作业的机器人。

1981年,美国航天飞机上的遥控机械臂协助宇航员

进行舱外活动,标志着空间机器人进入了实用阶段。到目前为止,遥控机械臂已在太空空间站进行了多次轨道飞行器的组装、维修、回收、释放等操作。随后,德国、美国和日本都将各自研制的空间机器人放飞到太空,进行一系列空间实验。迄今为止,国际空间站是人类联合起来从事的最值得津津乐道的航天壮举。借助它,人类正在把对太空的梦想一步步变为现实。

我国的空间机器人技术开发较晚,是随着国家的探月计划展开的。2004 年,中国正式开展月球探测工程,命名为"嫦娥工程"。嫦娥工程分为无人月球探测、载人登月、建立月球基地三个阶段。2020 年 11 月 24 日,"嫦娥五号"探测器成功发射升空,并成功着陆月球;2020 年 12 月 17 日,"嫦娥五号"返回器携带月球样品,采用半弹道跳跃方式返回,在内蒙古四子王旗预定区域安全着陆。在执行探月过程中,我国的空间机器人是"玉兔号"月球车。它主要由移动、导航控制、热控、机械结构、综合电子、测控数传和有效载荷等分系统组成,并携带有大量传感器和仪器设备,如红外成像光谱仪、CCD 相机、测月雷达、粒子激光 X 射线谱仪等。"玉兔号"月球车有 6 台高清晰相机,每隔几秒就会对周围环境进行拍摄,并具备 20°爬坡和 20 厘米越障的能力。

随着科技的发展,向太空探索、向太空发展成为科技革命的主要动力。在未来的空间活动中,将有大量的空间加工、空间生产、空间装配、空间科学实验和空间维修等工作要做,不可能只靠宇航员去完成,还需要充分利用空间机器人的相关能力。绮云装点银河路,无尽太空梭擎来。太空,我们不仅仰望,还要走得更远!

➡➡服务机器人

我们生活中经常遇到的服务机器人,一般包括清洁机器人、医疗机器人、康复机器人、娱乐机器人、老年及残疾人护理机器人、办公及后勤服务机器人、救灾机器人、酒店售货及餐厅服务机器人等。服务机器人的应用范围很广,主要从事维护保养、修理、运输、清洗、保安、救援和监护等工作。下面介绍三种较典型的服务机器人。

❖❖清洁机器人

清洁机器人包括地面清扫机器人、壁面清洗机器人、泳池清洗机器人和一些可用于各种场合清洁工作的特种清洁机器人。从 20 世纪 80 年代起,清洁机器人的研究开始受到人们的关注。目前,在一些国家,对办公楼、工厂、车站、机场、家庭等场合的清扫已开始采用清洁机器人。全自动家用清洁机器人具有的主要功能是吸尘和清

扫、红外线自动导航、清洁时间设置、自动充电等，能够按照设置的时间自行完成家庭中地面的清洁工作。清洁机器人拥有多种自动清洁程序，遇到污渍比较严重的地面，将自动降低速度来加大清洁强度；当遇到障碍时，清洁机器人将改变行进方向，继续工作，不会损坏家具。全自动擦窗机器人具有的主要功能是采用吸盘吸附在玻璃上，或者通过内部的真空泵抽掉底部空气，形成一定的真空环境，从而使全自动擦窗机器人能够吸附在玻璃上。全自动擦窗机器人在底部配有清洁布，当它吸附在玻璃上开始行走时，带动清洁布擦拭玻璃，从而达到清洁玻璃的目的。另外，全自动擦窗机器人还有污浊度检测传感器，自动判断玻璃擦洗情况。

❖❖❖ 医疗机器人

近年来，医疗机器人已经成为机器人领域的一个研究热点。目前，先进的机器人技术主要应用于外科手术规划模拟、微损伤精确定位操作、无损伤诊断与检测、新型手术治疗方法等方面。医疗机器人主要包括手术机器人、远程呈现机器人、药房自动化机器人、消毒机器人等。医疗机器人的引入不仅促进了传统医疗水平的不断进步，也带动了新技术、新理论的发展。经过十多年的努力，医疗机器人已经在脑神经外科、心脏修复、胆囊摘除、人工关节置换、整形外科等手术中得到了广泛的应用。在提高手术效果和精度的同时,还不断开创新的手术方式,并向其他领域扩展。

✤✤ 康复机器人

康复机器人用于康复领域,包括助残和老人看护等,研究领域主要包括康复机械手、智能轮椅、假肢和康复治疗等。各种先进的机器人技术广泛应用于康复领域。经过十多年的努力,康复机器人采用了先进的传感技术、导航技术和避障技术等。移动机器人技术也已经应用于康复领域,如移动式护理机器人、智能轮椅和"导盲犬"机器人等。目前,假肢的研究是康复机器人领域的一个热点。

爱因斯坦说过:"一切创造都是从创造性的想象开始的,想象力比知识更重要,因为知识是有限的,而想象力概括着世界上的一切,推动着进步,并且是知识进化的源泉。"想象一下,未来科学与技术的发展将会使机器人成为人类多才多艺和聪明伶俐的"伙伴",更加广泛地参与人类的生产活动和社会生活。智能机器谱新篇,千家万户处处有;科技创新图发展,多彩想象任其游。相信丰富多彩的机器人会使人类增加更多的创造能力。

丰富多彩的自动化

▶▶智能的先进制造与自动化

近年来,随着人工智能的发展,智能化离我们越来越近了。当走入一个智能现代化纺织厂,偌大的车间宽敞明亮,一尘不染。抓棉、开松、除杂、梳理、混棉、牵伸、输送……这一系列纺纱工序都由智能化设备自动完成,不需要人工。一个个筒纱经过机器检测后,自动包装设备将其打包成垛,最后完好入库。仅有的几个工人则坐着电动小车在设备间穿梭巡视。这样的场景完全颠覆了人们印象中纺纱车间棉絮乱飞、工人不停在设备之间忙碌的认知。这就是智能的先进制造与自动化,蕴含了很多自动化的技术。那么什么是智能的先进制造与自动化呢?它的技术特点是什么?

制造业的主要任务是制造人类社会在生产和生活中所需的一切产品。一方面,制造业创造价值,产生物质财富和新的知识。另一方面,制造业为国防和科学技术的进步和发展提供先进的手段和装备。制造业是我国经济发展的战略重点,数控机床等机电一体化设备制造和水电、火电、核电、大规模集成电路生产等重大技术装备制造一直是我国重点发展的领域。

随着经济全球化的发展,市场竞争变得越来越激烈。

为迎接新的挑战,美国在 20 世纪 80 年代末提出了"先进制造技术"的概念。制造业发展迅速,数控机床、数控加工中心、机器人、柔性制造系统、数字化设计、虚拟装配等各种新型设备和手段的采用使现代制造业发生了巨大的变化。先进制造技术是在传统制造技术的基础上不断吸收机械、电子、信息、材料、能源和现代管理等方面的成果,并将其综合应用于产品设计、制造、检测、管理、销售、使用及服务的全过程,以实现优质、高效、低耗、清洁、灵活的生产,提高对动态多变的市场的适应能力和竞争能力,也是取得理想经济效益的制造技术的总称。

随着微电子技术、信息技术、自动化技术、系统科学、管理科学的快速发展,它们与制造技术的相互交叉、渗透、融合,极大地拓展了制造活动的深度和广度,急剧地改变了产品设计方式、生产方式、生产工艺与设备以及生产组织结构,产生了一大批新的制造技术和制造模式,促进了制造技术在宏观(制造系统集成)和微观(精密、超精密、微纳米加工检测)两个方向上的蓬勃发展,使得现代制造技术成为横跨多个学科的综合集成技术,涉及人、机器、能量、信息等多种资源的组织、控制与管理,涵盖生产过程的各个环节,包括市场分析、产品设计、工艺规划、加工准备、制造装配、监控检测、质量保证、生产管理、售后

丰富多彩的自动化

服务和回收再利用等。下面，对数控机床、数控加工中心、柔性制造单元、柔性制造系统、3D 打印、数字孪生技术等先进制造技术的主要环节和新技术进行介绍。

➡➡ 数控机床和数控加工中心

数控机床和数控加工中心是微电子、计算机、自动控制、精密测量等技术与传统机械技术相结合的产物。它根据机械加工的工艺要求，使用计算机对整个加工过程进行信息处理与控制，实现生产过程的自动化、柔性化，较好地解决了复杂、精密、多品种、批量机械零件的加工问题，为精密加工提供了优良的技术条件，是一种灵活、通用、高效的自动化机床。

数控机床是先进制造的基础平台。数控机床的基本结构包括加工程序、输入/输出装置、数控系统、伺服系统、辅助控制装置、检测装置及机床本体等。与普通机床相比，数控机床不仅适应性强，加工效率高，精度高，质量稳定，而且可实现多坐标联动和复杂形状零件的加工，是实现多品种、中小批量生产自动化的有效方式。操作者将零件的加工工艺路线、工艺参数、刀具的运动轨迹、位移量、切削参数以及辅助功能，按照数控机床规定的指令代码及程序格式编写成加工程序单，数控机床按照指令自动执行,自动地对零件进行加工。

数控加工中心是在普通数控机床的基础上发展起来的,主要增加了刀具库、自动换刀装置和移动工作台等,因而可以在一台机器上完成多台机床才能完成的工作,包括铣、削、钻、刨、镗、攻螺纹等多种加工工序。数控加工中心实际上也是一种数控机床,只是能力更强,可以完成更复杂的加工任务。数控加工中心的工作效率比普通数控机床高出 3～4 倍,大大提高了生产效率,而且因为避免了工件多次定位产生的累积误差,所以加工精度更高。

→→柔性制造单元和柔性制造系统

柔性制造单元由一台或多台数控设备组成,具有独立的自动加工功能,在毛坯和工具储量充足的情况下,具有部分自动传送和监控管理功能,具有一定的生产调度能力。高档的柔性制造单元可进行 24 小时无人值守运转。

柔性制造单元可分为两大类。一类是数控机床配备机械手,另一类是数控加工中心配备托盘交换系统。配备机械手的数控机床由机械手完成工件和材料的装卸。配备托盘交换系统的数控加工中心将加工工件装夹在托

丰富多彩的自动化

盘上,通过拖动托盘,可以实现加工工件的流水线式加工作业。

柔性制造系统是指由一个传输系统联系起来的一些设备,传输装置把工件放在连接装置上并送到各加工设备处,使工件加工准确、迅速和自动化。柔性制造系统有中央计算机控制机床和传输系统,有时可以同时加工几种不同的零件。柔性制造系统出现于 20 世纪 80 年代。传统的刚性自动化生产线虽然很适合大批量生产,但投资大,而且更换产品及修改生产工艺需要较长的时间和较多的费用,无法满足客户的个性化和多样性需求,也无法完成高精度复杂零件的加工。数控机床产生后,柔性制造系统迅速发展起来,很快成为广泛采用的高效率自动化装备。

柔性制造系统是将柔性制造单元进行扩展,增加必要的数控加工中心数量,配备完善的物料和刀具运送管理系统,有的还配有工业机器人,通过一套中央控制系统管理生产进度,并对物料搬运和数控机床群的加工过程实行综合控制。柔性生产主要依靠数控系统等具有高度柔性的制造设备来实现多品种小批量的生产,其主要优点是可以增强制造企业的灵活性和应变能力,缩短产品生产周期,提高设备使用效率和员工工作效率,改善产品质量,等等。

➡➡3D 打印

3D 打印是快速成型技术的一种。它是一种以数字模型文件为基础,运用粉末状金属或塑料等可黏合材料,通过逐层打印的方式来构造物体的技术。

3D 打印技术的核心思想最早起源于 19 世纪末,源自美国研究的照相雕塑和地貌成型技术。20 世纪 80 年代已有雏形,其学名为"快速成型"。3D 打印机与传统打印机最大的区别在于 3D 打印机使用的"墨水"是实实在在的原材料,打印过程实际上就是三维产品的生产过程。利用 3D 打印技术,不仅能明显降低立体物品的造价,缩短制造时间,而且可以大大激发人们的想象力,并从根本上改变产品的生产方式。3D 打印技术正在引发制造业一场新的技术创新。

➡➡数字孪生技术

数字孪生是充分利用物理模型、传感器更新、运行历史等数据,集成多学科、多物理量、多尺度、多概率的仿真过程,在虚拟空间中完成映射,从而反映相对应的实体装备的全生命周期过程。数字孪生是普遍适应的理论技术体系,可应用于众多领域,目前在产品设计、产品制造、医

丰富多彩的自动化

学分析、工程建设等领域应用较多。数字孪生最重要的价值是预测。在产品制造过程中出现问题时，可以基于数字孪生对生产策略进行分析，然后基于优化后的生产策略组织生产。数字孪生采用先进的人工智能、大数据和边缘计算等技术，实现复杂工业环境下运行工况的多尺度多源信息的智能感知与识别，实现复杂工业环境下基于 5G 技术的多源信息快速可靠的传输。系统建模与深度学习相结合的复杂工业系统智能建模、数字孪生与可视化技术，必然使数字智能生产技术迎来创新的新高潮。

以 5G 技术为代表的移动互联网、边缘计算与云计算的发展，催生了工业互联网。工业互联网为获得工业大数据创造了条件。大数据驱动的人工智能技术的发展和科学研究模式与方法的变化，促进了制造业向数字化、网络化和智能化发展。"好风凭借力，送我上青云。"迎着智能制造的东风，智能化的先进制造与自动化迎来了百花齐放的春天。

▶▶ 美妙的航天飞行与自动化

当我们在夜晚仰望星空时，银河璀璨，熠熠生辉。美妙的太空，是那么吸引人；神秘的宇宙，是那么让人心生向往。黑格尔说:"一个民族有一群仰望星空的人,他们才有希望。"仰望星空,探索宇宙,是人类一直的追求。自从尤里·阿列克谢耶维奇·加加林迈出了人类走向太空的第一步,人类就开始了对宇宙的探索,第一次载人飞行、第一次女航天员上天、第一次发射无人探测器探测月球、第一次人类登月……每个第一次都书写着人类探索太空的传奇。那么星际飞行是如何进行的呢?它是如何应用自动化技术的?

宇宙飞行又称为航天飞行或空间飞行。在地球大气层以外的宇宙空间(太空)运行,执行某些特定的航天任务(如探索、开发和利用太空及天体等)的飞行器称为航天器或空间飞行器。航天活动包括环绕地球的运行、飞往月球或其他行星的航行、星际空间的航行等。虽然航天活动也包括飞出太阳系的航行,但在今后相当长的一段时期内,人类的航天活动基本上局限在太阳系,而且绝大部分属于近地空间飞行。

宇宙飞船、人造卫星、空间探测器等航天器从发射、进入预定轨道、对轨道和姿态的调整,一直到最后重返地球或在其他星球上着陆和探测,整个过程始终与自动化有着密切的关系,而且所采用的很多自动控制和自动化技术都是最尖端和最先进的成果。要顺利完成一次宇宙

丰富多彩的自动化

飞行任务,会不可避免地涉及运载火箭、发射场、航天器控制系统、测控系统、着陆场等各个方面。为了较全面地了解宇宙飞行与自动化的关系,下面先概述宇宙飞行的基本概念、航天系统的组成和我国的航天工程,再说明载人航天飞行的整个过程,然后重点阐述宇宙飞行过程中涉及的一些关键的自动化技术和对未来发展的展望。

航天系统由航天器、航天运输系统、航天器发射场、航天测控网和应用系统组成,是完成特定航天任务的工程大系统。航天技术就是用于航天系统的综合性工程技术。下面分别介绍航天系统的几个组成部分。

➡➡航天器

航天器又称为空间飞行器或太空飞行器,按照天体力学的规律在太空运行,执行探索、开发、利用太空和天体等特定任务。航天器基本都在太阳系内飞行。按照天体力学规律运行的人造地球卫星、深空探测器、载人飞船、航天飞机、太空空间站以及地外天体着陆装置(如登月舱、火星探测器)等各种航天器的基本构成包括专用系统和保障系统。

专用系统用于执行特定的航天任务,其种类很多,随航天器执行的任务不同而异。不同用途的航天器的主要区别就在于装有不同的专用系统,例如,天文卫星的天文望远镜、光谱仪和粒子探测器,侦察卫星的可见光相机、电视摄像机或无线电侦察接收机,通信卫星的转发器和通信天线,导航卫星的双频发射机、高精度振荡器或原子钟等。单一用途航天器只装有一种类型的专用系统,多用途航天器则装有几种类型的专用系统。

保障系统又称为通用性载荷,用于保障专用系统的正常工作。各种类型的航天器的保障系统往往是相同或相似的,一般包括以下子系统。

结构系统:用于支撑和固定航天器上的各种仪器设备,使它们构成一个整体,以承受地面运输、运载器发射和空间运行时的各种力学和空间环境,大多采用铝、镁、钛等轻合金和增强纤维复合材料。

热控制系统:又称为温度控制系统,用来保障各种仪器设备和生物所处环境的温度在允许的范围内。

电源系统:用来为航天器所有仪器设备提供所需的电能。一般根据实际需要采用蓄电池、太阳电池阵、核电、氢氧燃料电池等。

姿态控制系统:用来保持或改变航天器的运行姿态,例如,使航天器上的太阳能帆板电池对准太阳,使侦察卫

星的相机镜头对准地面,使通信卫星的天线指向地球上某一区域等。

轨道控制系统:用来保持或改变航天器的运行轨道,一般由发动机提供动力,由航天器上的程序控制装置进行控制或由地面飞行控制中心及各类航天测控站进行遥控。

无线电测控系统:包括无线电跟踪、遥测和遥控这三个部分。无线电跟踪部分通过不断发出信号来让地面测控站跟踪航天器。遥测部分用于测量并向地面发送航天器的状态参数和各种仪器设备的工作参数等。遥控部分用于接收地面测控站发来的遥控指令,传送给有关系统执行。

返回着陆系统:用于保障返回型航天器安全、准确地返回地面或在其他行星上着陆,一般由制动火箭、降落伞、着陆装置、标位装置和控制装置等组成。

生命保障系统:用于维持航天员正常生活所必需的综合设备,一般包括温度和湿度调节、供水供氧、空气净化和成分检测、废物排出和封存、食品保管和制作、水的再生等设备。

应急救生系统:当航天员在任一飞行阶段发生意外

时,此系统用以保证航天员安全返回地面。此系统一般包括救生塔、弹射座椅、分离座舱等救生设备,而且有独立的控制、生命保障、防热和返回着陆应急系统等。

计算机系统:用于存储各种程序,进行信息处理和协调管理航天器各系统工作。计算机系统包括对地面遥控指令进行存储、译码和分配,对遥测数据进行预处理和数据压缩,对航天器姿态和轨道测量参数进行坐标转换、轨道参数计算和数字滤波等。

➡➡**航天运输系统**

航天运输系统是往返于地球表面和空间轨道之间以及轨道与轨道之间运输各种有效载荷的运输工具系统的总称。它包括载人或货运飞船及其运载火箭、航天飞机、空天飞机、应急救生飞行器和各种辅助系统等。为在轨道上的航天器运送人员、装备、物资以及进行维修、更换、补给等在轨服务的飞行器称为运输器,通常由轨道器和推进器组成。航天飞机这种运输器兼有运载和运输的双重功能。运载火箭和飞船可构成一次性使用的运输器。

➡➡**航天器发射场**

航天器发射场是指发射航天器的特定场区。场内有完整配套的设施,用以装配、贮存、检测和发射航天器,测

丰富多彩的自动化

量飞行轨道和发送控制指令，接收和处理遥测信息。

➡➡航天测控网

航天测控网是对航天器和运载火箭飞行状态进行跟踪测量并控制其运动和工作状态的专用系统。这一系统能及时了解航天器与运载火箭的空间位置、姿态和各分系统的基本工作状态，以保证实现预定的目标和任务。

➡➡航天应用系统

航天应用系统是按航天器的不同任务需要而装载的各种专用系统和相应的航天地面应用系统，也是实现航天技术的关键部分。例如，为实现卫星通信而在通信卫星上装载转发器和通信天线系统，为实现对地观测而在遥感卫星上装载光学摄影系统、红外及微波遥感系统，为开展空间科学实验而在卫星上装载实验或探测设备，为实现军事应用目的而装载各种专用系统，等等。

可以看出，现代航天技术是一门综合性的工程技术，航天应用系统是典型的复杂大系统，航天应用系统的正常运行离不开检测、通信、控制等自动化技术。

我国在 20 世纪 50 年代就制定了发展人造地球卫星和运载火箭的规划，并于 1970 年成功发射了第一颗人造地球卫星——"东方红一号"。我国的航天事业经历了艰苦创业、配套发展、改革振兴和走向世界等几个重要阶段,迄今已达到了相当规模和水平,形成了完整配套的研究、设计、生产和试验体系,研制了多种类型的运载火箭,建成了酒泉、西昌、太原和文昌这四个航天发射场,同时还建立了由地面测控站、海洋测控船和测控卫星组成的航天测控网,发射了各类卫星、载人飞船和空间探测器。在卫星回收、一箭多星、低温燃料火箭、捆绑火箭以及静止轨道卫星发射与测控等多个重要技术领域已跻身世界先进行列。在遥感卫星、通信卫星和导航定位卫星等的研制与应用,载人飞船试验、探月计划和空间科学实验等方面均取得了重大成果,特别是在载人飞船试验与探月计划两个领域,所取得的成就以及一系列重大突破令国人自豪,令世人瞩目。

　　本部分介绍了智能家居自动化、智能的汽车驾驶系统、智能的交通自动化、智能的电力系统自动化、形形色色的机器人、智能的先进制造与自动化、美妙的航天飞行与自动化,那么什么样的专业人才能驾驭自动化技术?培养这样的人才需要哪些素质?培养这样的人才需要哪些条件?"百年大计,教育为本。"下一部分将带大家去了解自动化专业的人才培养与职业规划。

丰富多彩的自动化

自动化专业的人才培养与职业规划

> 非淡泊无以明志，非宁静无以致远。夫学
> 须静也，才须学也，非学无以广才，非志无以
> 成学。
>
> ——诸葛亮

随着我国科技的不断进步、国家的不断富强，有越来越多的青年，以"志当存高远"的精神，立志在自动化领域做出一番事业。但是，自动化专业学什么？专业培养的标准是什么？培养目标是什么？毕业后应具备哪些能力？就业优势是什么？这些一直是家长和学生所关心的问题。下面我们从人才培养的角度来谈谈这些问题。

▶▶自动化专业的培养目标、定位和工程教育专业认证

我国自动化教育的培养目标和其他专业一样，分为

政治培养目标和业务培养目标。政治培养目标主要指思想品德方面，这在各个学校是大同小异的。就业务培养目标而言，无论是专科和本科自动化专业，还是硕士和博士自动化专业，各个学校都有自己的一套体系，而且还经常修订，但实际上区别并不大，核心内容基本一致。综合很多学校的情况，参照教育部公布的《普通高等学校本科专业目录》(2020 年版)、《学位授予和人才培养学科目录》(2018 年 4 月更新)，本科自动化专业的业务培养目标可以简述为：使学生具备电工电子、控制理论、自动检测与仪表、信息处理、系统工程、计算机技术与应用和网络技术等较宽广领域的工程技术基础和一定的专业知识，能在运动控制、工业过程控制、电力电子技术、检测与自动化仪表、电子与计算机技术、信息处理、管理与决策等领域从事系统分析、设计、运行以及科技开发及管理等方面的工作。

自动化专业的本科毕业生应具备四个方面的知识和能力：在通识教育和综合素质方面，应具备坚实的数学、物理等自然科学基础，较好的人文社会科学基础和外语综合应用能力；在专业基础方面，应掌握电路理论，电子技术，控制理论，信息处理，计算机软、硬件技术基础及应用等；在专业知识方面，应掌握运动控制、工业过程控制、

自动化仪器仪表、电力电子技术、信息传输与处理等方面的知识和技能，完成系统分析、设计及开发方面的工程实践训练，并对本专业的学科前沿、发展动态和发展趋势有所了解；在专业应用及综合能力方面，应具备一定的本专业领域内从事科学研究、科技开发和组织管理的能力，并有较强的工作适应能力。

在自动化学科各个层次的培养定位方面，研究生的培养定位为高层次的研究型科技人才，主要从事高水平的自动化研究、技术开发和工程应用；本科生的培养定位为高级工程技术人才；专科生的培养定位为技术技能型人才。本科生的培养类型比较多样化，还可以进一步细化。因此，根据目前国外人才培养的分类情况和我国自动化高等教育的现状，本科及以下自动化专业的培养定位大致分为四种类型："研究主导型"自动化本科专业，人才培养的目标是为高水平的自动化研究及工程应用奠定基础，相当一部分的毕业生将进入高一层次的研究生学位教育阶段，所在学校一般具有自动化学科的博士学位授予权，而且相当一部分具有一级学科学位授予权；"研究应用型"自动化本科专业，人才培养的目标是为自动化应用研究与开发奠定基础，其中一部分毕业生将进入高一层次的研究生学位教育阶段，所在学校一般具有自动化学科的硕士或博士学位授予权；"应用主导型"自动化本科专业，人才培养的目标是具备解决实际问题的能力、从事自动化应用技术的复合型专门人才，绝大多数毕业生将直接就业并具备较强的工作适应能力；"技术技能型"自动化类专科专业，培养在生产第一线从事自动化技术的应用，先进自动化设备的操作、调试及维护的高级技术技能型人才。

在我国高校、学院办学过程中，全国工程教育专业认证也在如火如荼地开展。2016年6月，中国正式成为国际本科工程学位互认协议《华盛顿协议》的正式会员，我国全面开启了工程教育专业认证。中国工程教育专业认证是按照《华盛顿协议》签约成员公认的国际标准和要求，由中国工程教育认证协会组织实施的认证。《华盛顿协议》于1989年由来自美国、英国、加拿大、爱尔兰、澳大利亚、新西兰6个国家的民间工程专业团体发起和签署。该协议主要针对国际上本科工程学历（一般为四年）资格互认，确认由签约成员认证的工程学历基本相同，并建议毕业于任一签约成员认证的课程的人员均应被其他签约成员视为已获得从事初级工程工作的学术资格。2013年，我国加入《华盛顿协议》并成为预备成员，2016年初通

过了转正考察。燕山大学和北京交通大学代表国家成为《华盛顿协议》组织考察的观摩单位。2016 年 6 月 2 日，中国成为正式会员。

工程教育专业认证是国际上比较认可的一种工程教育质量保障体系，也是实现工程教育国际认证标准及行业资格认证的首选基础。所谓工程教育专业认证，主要就是确保理工科专业毕业生经过学校学习以后，能够达到相关行业所要求的标准，是一种对教育理论和毕业达成度有指导意义的权威性审核。就我国而言，工程教育是高等教育的主要构成，而工程教育专业认证主要是确保工科类专业毕业的学生达到国际上业内认可的既定质量标准，是对未来从业者所受专业教育的规范性和有效性的综合评价。工程教育专业认证的标准主要对学生、培养目标、毕业要求、持续改进、课程体系、师资队伍、支持条件七个方面进行考查，要求高等学校对于专业课的设置、专业教师的选拔以及基础办学设施都必须达到国际标准，而且强调建立教学质量监督制度，以及学生实践之间的沟通渠道，确保可以维持工程教育专业认证活动。工程教育专业认证的基本理念是以学生为中心理念、产出导向理念、持续改进理念。

➜➜以学生为中心理念

强调以学生为中心，围绕培养目标和全体学生毕业要求的达成进行资源配置和教学安排，并将学生和用人单位满意度作为专业评价的重要参考依据。

➜➜产出导向理念

强调专业教学设计和教学实施以学生接受教育后所取得的学习成果为导向，并对照毕业生核心能力和要求，评价专业教育的有效性。

➜➜持续改进理念

强调专业必须建立有效的质量监控和持续改进机制，能持续跟踪改进效果并用于推动专业人才培养质量不断提升。

另外，2014年教育部公布了电子信息与电气工程类专业认证补充标准。该补充标准适用于电气工程及其自动化、电子信息工程、通信工程、信息工程、电子科学与技术、微电子科学与工程、光电信息科学与工程等专业。在该标准中，对于这些专业的课程设置、师资队伍和支持条件都给出了建设标准。

目前，很多相关院校都积极参与工程教育专业认证

自动化专业的人才培养与职业规划

工作。截至 2020 年底，已经有 88 所高校自动化专业通过了工程教育专业认证。

▶▶自动化专业的知识结构与课程体系

自动化属于基础知识面宽、应用领域广阔的综合性交叉学科，在以信息化带动工业化、以信息技术改造和提升传统产业、推进国民经济与社会信息化的过程中起到了关键的桥梁和纽带作用。自动化专业不仅对数学、物理、电子技术、计算机、信息处理等基础知识有很高的要求，而且着重培养传感器与信号检测、网络与通信、系统辨识与建模、控制系统分析与设计、系统综合优化等方面的专业知识与技能，同时通过大量的实验和实践环节培养学生的实践能力。

随着自动化研究与应用的迅速发展，教育体系及其内容也在不断地调整和更新，特别在工程教育专业认证体系下，要求自动化专业的培养要建立以学生为中心理念、产出导向理念、持续改进理念，建立有效的质量监控和持续改进闭环控制机制，能持续跟踪改进效果并用于推动专业人才培养质量不断提升。

因此，自动化专业并不存在一个固定的、标准的知识结构和课程体系，会随着社会、科技、就业等方面的需求而不断调整。尽管如此，在一段时间内，自动化教育的大部分内容是相对稳定的，培养机制的变化主要体现在两个方面：一是不同层次的学校，教学内容的深浅不同；二是专业选修及专业拓展课程的设置各有特色，往往反映出相关学校的科研专业优势。参考和综合教育部公布的《自动化专业规范》和《电子信息与电气工程类专业认证补充标准》、国内多所高校目前的实际情况，下面对本科自动化专业的知识结构和课程体系做一概要介绍，主要体现基本要求和共性部分，并力求符合大多数学校的实际情况。

本科自动化专业的知识结构和课程体系由综合教育、公共基础、专业基础、专业核心和专业拓展5大部分构成，每一部分所包含的知识体系和课程大致如下：

➡➡综合教育

这一部分属于通识教育，涉及人文社会科学、经济与管理、环境科学、生命科学等学科，相关课程类别有政治理论、军事理论、道德修养、法律基础、管理基础、经济基础、环境保护与可持续发展、中华文化、中外历史、音乐欣赏、体育知识等。在这部分课程中，有的属于必修课程，

自动化专业的人才培养与职业规划

有的属于选修课程。

➡➡公共基础

这一部分也属于通识教育，涉及自然科学、计算机信息技术、外语、体育等知识领域。必修课程有高等数学、大学物理、英语、体育、计算机应用基础、高级程序设计语言等，选修课程有化学、生物等。

➡➡专业基础

工程数学基础课程有线性代数、复变函数与积分变换、概率论与数理统计、随机过程等。

电工电子基础课程有电路原理、模拟电子技术、数字电子技术、电机与拖动基础等。

计算机基础课程有微机原理与接口技术、计算机软件基础、数据结构与数据库等。

信号处理基础课程有信号与系统、数字信号处理等。

工程基础课程有工程制图。

上述课程中，概率论与数理统计、随机过程、数据库一般列为选修课程；数字信号处理既可以列为必修课程，也可以列为选修课程。除此之外，专业基础课还包括针对新生的专业介绍研讨课，课程名称一般是自动化（专业)概论。

➡➡专业核心

自动控制理论课程有自动控制原理、现代控制理论、控制系统的建模与仿真。

控制技术与系统课程有计算机控制技术、运动控制系统、过程控制系统。

自动化相关技术课程有传感器与检测技术、电力电子技术、计算机网络与通信、控制系统的计算机辅助分析与设计。

该部分的课程一般是必修课程,但有些学校将控制系统的建模与仿真、计算机网络与通信列为选修课程。

➡➡专业拓展

控制与优化类课程有智能控制、自适应控制、最优化方法、最优控制、系统辨识、非线性控制理论、模式识别、运筹学、先进控制理论及其应用等。

网络控制类课程有集散控制系统、计算机集成制造系统、现场总线控制技术等。

计算机应用与信息处理类课程有单片机原理及应用、可编程控制器原理及应用、嵌入式系统、DSP 原理及

应用、智能仪器仪表、操作系统、软件工程、数字图像处理、多传感器信息融合、数据挖掘、电子商务、网络与信息安全、多媒体技术、物联网技术等。

其他课程有机器人导论、人工智能、智能机器人、智能交通系统、系统工程、自动检测技术、管理信息系统、楼宇自动化等。

专业拓展这部分的课程一般都是选修课程，学生可根据自己的兴趣爱好进行选择，也可按研究方向或课程模块进行选择。

除了上述知识和课程体系外，一般还设置各种实践环节，包括金工实习（或工程训练）、电子实习、各种课程设计、生产实习、毕业实习、毕业设计等。各种科技竞赛也属于综合性实践环节。与自动化关系密切且影响较大的全国性竞赛有电子设计竞赛、RoboCup 机器人足球比赛、智能汽车竞赛、数学建模竞赛、大学生创新创业活动等。学生通过参加这些竞赛不仅可以把所学知识融会贯通，而且可以提高动手能力，培养创新意识、创新能力和团队协作精神。

以上介绍的知识结构和课程体系与大多数本科院校目前的实际情况基本一致，但课程名称和授课内容会有些区别。"研究主导型"专业可能会多一些课程和内容，而"应用主导型"专业可能会少一些课程和内容，"研究应用型"专业则可能会有增有减。无论哪种情况，自动化专业的基本内容和核心体系部分变动甚少。

随着工程教育专业认证理念不断在全国各高校自动化专业的深入，根据社会对自动化专业毕业生要求所具备的能力，应持续改进培养目标、课程建设、实践环节，加强学生毕业论文监督，以期培养的学生满足社会需求。自动化专业的毕业生要求具备专业的工程知识，分析问题、设计/开发解决方案的能力，研究能力，使用现代工具的能力，具有相应的职业规范，善于团队合作与沟通，等等。

▶▶自动化专业毕业生的就业优势

对于任何一个专业的招生、培养、毕业、就业，最后一个环节就业都是很重要的，自动化专业的人才培养也是如此。自动化专业培养的人才应是国家和社会需要的。自动化技术是 21 世纪社会发展最强劲的动力之一，也是工业 4.0 与智能制造的核心关键技术之一。在《中国制造 2025》中我国明确提出实施制造强国战略，推进新一代信息技术与制造技术深度融合，实施智能制造工程。智

自动化专业的人才培养与职业规划

能制造集成先进的制造技术、信息技术和智能技术，以实现设计制造一体化、管控一体化和知识自动化。在《国家中长期科学和技术发展规划纲要（2006—2020 年）》《"十三五"国家科技创新规划》《国家创新驱动发展战略纲要》等多个规划纲要中，数字化和智能化设计制造、流程工业的绿色化、自动化及装备、智能信息处理、智能机器人、智慧工厂等大量涉及自动化领域的技术方向被确定为优先发展主题和重点布局领域。《国民经济和社会发展第十四个五年规划和 2035 年远景目标纲要》阐述了"深入实施制造强国战略"的重点任务。各地方根据国家战略也制定地区的智能技术、数字技术的科技创新发展战略。一系列国家、地区和行业经济发展规划的发布与实施，表明在相当长时间内对自动化专业人才的需求仍十分旺盛。

另外，自动化专业具有"控（制）管（理）结合，强（电）弱（电）并重，软（件）硬（件）兼施"的鲜明特点，是多学科交叉的宽口径工科专业。特别是近年来人工智能科技的迅速发展，直接带来自动化、计算机等专业的再次热门。数据显示，2019—2020 年各用人单位春、秋季爆发招聘人工智能岗位的热潮，人才缺口较大。其中纯软件的岗位很多，这直接导致许多人开始自学人工智能编程。考虑到目前人工智能的初级门槛和有转行人工智能想法的普通程序员的数量，可以预料，在不久的将来，纯软件上的人才缺口将会被大量填充。随着人工智能在其他领域的应用，不可速成的人工智能实体系统的开发逐渐产业化，包括自动驾驶、智能机器人、安全监控、无人机、图像识别的实体系统等，这些领域简称为智能系统领域。

智能系统领域要求设计者具有先进的控制理论功底，出色的实践能力，善于将理论工程化，这些特点与自动化的专业优势是相匹配的。由于自动化专业培养的学生既善于编写工业程序，又善于将先进控制理论与实体系统相结合，因此可从事的工作可以是机器人产业、嵌入式产品开发、工业自动化、化工自动化、电气自动化等，自动化专业未来必然大有作为。

▶▶自动化专业毕业生对专业的评价

对教育过程而言，要不断了解毕业生的发展状态。在工程教育专业认证的理念下，需要对培养的学生进行质量跟踪和调查，掌握专业培养目标的合理性和达成情况。为了保证人才培养质量，确立专业培养目标与社会需求、学校定位和专业学科自身发展规律之间的匹配关系，学校各专业都要对本校毕业的学生进行反馈评价调

研。评价调研内容一般有：培养目标需求分析，包括培养目标是否符合学校与专业发展对人才培养定位的需求、国家与地区社会经济和行业与企业发展对人才的需求；培养目标在服务领域、职业特征和人才定位的表述是否准确、全面；用人单位对人才专业素质和职业能力的需求及用人单位对本专业毕业生满意度评价；应届毕业生的职业期待和对毕业后 5 年左右预期达成的职业能力的认可度；校友主流职业发展对学校教育的需求与认可度评价等多个方面。

以东北某所重点高校毕业生的评价来说明自动化专业学生的培养情况。对 2009—2013 届的 69 名毕业生进行了毕业后 5 年左右职业情况调研统计。结果显示，有 45 名毕业生获得硕士或博士学位，占调查人数的 65.2%，这些毕业生具备深造潜质，深受名校认可，在其科学研究岗位能够承担科研课题，解决具体科学问题。从 69 名毕业生就业领域统计结果可以看出，有 47.8% 的毕业生在自动化、通信、计算机等电子信息相关领域工作。有 33.3% 的毕业生分布在汽车、航天等机械制造领域，风电、核电、国家电网等能源领域和石油化工领域从事与自动化或电信相关的技术工作；有 10.2% 的毕业生在高校从事教学科研工作；还有 8.7% 的毕业生在政府机关、金融等单位从事管理工作。

表2是69名毕业5年左右毕业生的职称(职位)情况,近85%的毕业生获得中级及以上职称(职位)。说明毕业5年后,自动化专业的毕业生大多已经成为企业或单位的技术骨干,表现出良好的发展势头,受到用人单位的普遍认可。

表2　69名毕业5年左右毕业生的职称(职位)情况

职称(职位)	人数	占统计比例/%
高级	8	11.60
中级	50	72.46
初级	9	13.04
其他	2	2.90

以上分析表明,自动化专业大多数毕业生选择在与自动化专业相关的电信、机械、石化、能源等领域和高校从事分析与设计、开发与研究、集成与优化、运行与维护等技术性工作和技术管理等工作,达到自动化工程师或相当职位的人数近85%,实现了专业培养目标对学生毕业5年后在社会与专业领域的发展预期。

▶▶自动化专业毕业生真实案例

我们曾通过网络问卷的形式调研了一些开设自动化

专业的学校，这些学校既有重点高校，也有普通地方院校，访问了一些同学和已毕业 5 年以上的学生。为保护个人隐私，所有涉及的学生姓名均隐去，并对所在学校做了模糊处理。

➡➡A. 某重点高校学生

某重点高校自动化学院本科生，曾获"飞思卡尔"杯智能车竞赛全国总决赛一等奖，"恩智浦"杯智能车竞赛东北赛区一等奖，全国大学生电子设计竞赛东北赛区一等奖，"西门子"杯自动化挑战赛全国总决赛二等奖。本科毕业后继续深造。

➡➡B. 某地方电力学院学生

某地方电力学院自动化学院本科生，在校期间积极参与学校组织的活动。曾获邮储银行杯中国互联网协会全国大学生网络商务创新应用大赛三等奖、暑假"三下乡"社会实践暨"百基千队服务万村行动"优秀团队奖、固纬杯第三届控制技术创新大赛三等奖。曾获优秀学生奖学金、社会工作奖学金、优秀学生干部标兵和优秀运动员等荣誉称号。现签约中国大唐集团有限公司某热电厂。

➡➡C. 某地方高校学生

某校自动化学院本科生,曾任学院大学生科技协会竞赛部副部长,荣获全国大学生数学竞赛省二等奖,全国大学生电子设计大赛省二等奖。连续三年获得校一等优秀学生奖学金和"三好学生"荣誉称号,先后获得国家励志奖学金、"省三好学生""优秀团员"等荣誉称号。本科毕业后继续深造。

➡➡D. 某重点高校自动化专业毕业生

曾就读重点高校自动化学院,就读的自动化专业是偏计算机、单片机方向的。已毕业7年。毕业后,在华东地区某钢铁集团工作。工作后,先后学习了设备维护和故障检测、修理,常用单片机、PLC和PID控制等技术,现为公司电气工程部门的高级电气工程师,从事公司新厂区的电气设备调试、生产和管理工作。

该毕业生对自动化专业学习经历的评价:知识面基本能涵盖计算机、电子、信号、机械和电气这几大工科领域,同时具有一定的数学建模、系统分析能力。自动化专业毕业生的长处,在于软硬件结合能力,擅长确定系统中各个模块的各自功能、明确模块间相互作用的途径。因此,自动化专业本科毕业直接就业的同学,在单片机开

发、嵌入式系统应用、系统驱动开发这些行业都比较对口。而在网络、通信、电力方面，从知识结构上看，能力略显不足，后期需要不断学习和实践。

➡➡ E. 某地方高校自动化专业毕业生

该生曾就读某地方高校自动化专业，已毕业5年。毕业后，在广东某大型民营机电公司工作，熟悉的控制类产品有 PLC、DCS 和 FCS 等；熟悉的执行机构包括电动机、电磁阀、气动活塞、加热器、激光读码器、机器视觉机构等。现为东北地区的技术支持高级项目经理，从事电气设备销售、调试和管理工作。公司需要很多嵌入式与机器人、过程控制、人工智能等方面的自动化人才。

近期，很多非常热门的技术都是来自模式识别、智能系统方面的，例如，计算机视觉、声音识别、指纹虹膜等生物特征识别、智能学习系统等。

该毕业生认为控制理论与控制工程、系统工程这两个专业偏重理论。这两个专业需要的数学功底非常深厚，同时需要对很多数学软件、建模方法、仿真模拟方法熟练掌握。神经网络控制、模糊控制等应该是人工智能领域常用的控制方法，人工智能也是未来自动化的热门研究领域。

通过自动化专业的人才培养目标、定位、课程设置、工程教育专业认证等，以及对毕业生的访谈和反馈，我们了解了自动化专业的学习内容、培养标准、培养目标、毕业生具备能力、就业优势等。总的来看，自动化专业毕业生具有宽广领域的工程技术基础和一定的专业知识，能在工业过程控制、电力电子技术、检测与自动化仪表、电子与计算机技术、信息处理、管理与决策等领域从事系统分析、设计、运行以及科技开发与管理等方面的工作，涉及的领域比较广。随着5G、工业互联网、机器人以及人工智能等新科技理论、方法和技术的不断发展，自动化专业毕业生可以应时而动，借势而为，乘势而上，未来必然可以大展宏图。

那么，自动化技术的未来是什么样子？未来的发展趋势是什么？让我们一起通过国家科技发展战略、行业未来发展、专家座谈等多种方式，登高望远，来看看自动化技术的发展……

自动化的未来大有可为

> 一切创造都是从创造性的想象开始的,想象力比知识更重要,因为知识是有限的,而想象力概括着世界上的一切,推动着进步,并且是知识进化的源泉。
>
> ——爱因斯坦

岁月不居,时光如流,时间进入了 21 世纪 20 年代。回顾过去百余年的历史,我们会发现,人类在这一时期对自然界的探索成果远远多于以往数千年的总和,进入了知识爆炸、创新思维空前活跃的时代。

为此,不妨回顾一下三十年前《科学美国人》的秋季特刊发刊词,这是一期关于通信、计算机和网络的特刊,探讨了未来人们如何在网络空间中工作、学习及其发展状况,今天我们惊奇地发现,当年的预想在今天几乎全部实现了!在三十年前被科学家精确预测所折服的同时,我们还会感叹技术发展的永无止境,人类依靠科技改造世界的能力不断加强。5G网络、云计算、机器人、生物传感器、3D打印、无人驾驶、区块链和量子技术等新技术层出不穷。

那么,今天我们能否找出未来自动化发展的脉络,进而描绘未来自动化的发展趋势?为此,我们查阅了近五年的自动化科技发展综述、行业发展规划和专家访谈等资料,梳理出自动化的发展趋势。可以总结为5个特点:

▶▶网络一切的自动化

近年来,随着5G技术的到来,人类社会加速进入智能时代,自动化、智能化、信息化深度融合,未来也将进入万物互联的"物联网"时代。物联网的意思是"物物相连的互联网",属于互联网的应用拓展,将用户端延伸并扩展到了任何物体与物体之间的连接。物联网的首要目标是要广泛地获取连接物体的相关信息,其次是实现对信息的智能化处理和利用。具体来说,物联网主要通过无线传感、射频识别、红外感应器、激光扫描器、全球定位系统等各种装置与传感检测技术,实时采集任何需要监控、

连接、互动的物体或过程,采集其声、光、电、热、力学、化学、生物和机械等各种需要的信息,通过各类网络的连接,把物与物、人与物的互联网连接起来,进行信息交换和通信,以实现智能化感知、识别、定位、跟踪、监控和管理,从而赋予物体智能,实现人与物或物与物的联系。物联网整合了传感器技术、通信技术和信息处理等技术,实现了物理世界与信息网络的无缝连接。

物联网的应用领域广泛,目前已在智能电网、智能交通、智能物流、智能家居、工业自动化、环境与安全检测、医疗卫生、金融与服务业、国防军事等领域应用,并出现了"农业物联网""车联网""快递物联""水务物联""建筑物联"等。物联网的广泛应用为优化资源配置、实现信息的智能化共享提供了技术保障,同时也为建设"智慧电厂""智慧工厂""智慧社区""智慧城市"等提供了强有力的技术支撑。

自动化是一个与时俱进的学科,未来可以将物联网、云计算等其他技术融合进来,形成网络一切的自动化,整合物联网各类传感器采集数据,对这些数据进行分析和挖掘,把原来的控制系统变成一个智能的自主的控制系统,把原来的管理和决策的信息系统变成一个智能的决策系统。在这个基础上,把智能决策和控制变成一体化系统,然后围绕一体化系统构建控制算法、理论和技术,真正实现动态系统的智能控制与决策。

未来的自动化技术与物联网、云计算的融合,将呈现出"网络极大化、节点极小化"的基本特征,即无所不在的网络,将实体空间、虚拟空间融为一体,人、机、环境甚至人的意识皆可以网络联络,虚拟空间和实体空间的信息也可以统一。自动化技术可以在虚拟空间和实体空间实现数据采集;信息反馈、控制策略的执行,可以实现对实体健康跟踪、未来预测、故障诊断和最优决策,实现实体或系统的"空间"感知、虚拟"空间"的预测和优化,并可实现对实体历史的追溯,最终实现对当前的控制和未来的预测。

▶▶虚实共融的自动化

未来自动化的世界关于"物""实体"和"系统"的定义将更加丰富,通过各类传感器、物联网等载体,实体的运行、健康、故障完全可数字化、可模型化、可视化、可虚拟化,通过虚拟技术和数字孪生实现虚实共融的自动化。

虚拟技术主要包括"虚拟现实"技术和"虚拟仪器"技术。二者的提出和研究已经有 20 多年的历史,但应用于

自动化领域则是近年的事情，而且还处于不断发展与完善过程中。

虚拟现实技术是基于三维计算机图形技术与计算机硬件技术发展起来的高级人机交互技术，让用户通过视觉、听觉、触觉、甚至嗅觉和味觉等多种知觉方式虚拟地与计算机所构建的仿真环境发生交互。比如，进入"虚拟房间"、操纵"虚拟汽车"、体会"虚拟滑雪"、享受"虚拟旅游"等。借助带显示器的数字头盔、数据手套、定位器、跟踪器等外部设备，人们就可沉浸在仿真环境之中，有"身临其境"的感觉，从而完成在现实世界中可能或不可能完成的工作。

在自动化系统中，借助虚拟现实这一拟人化的人机交互方式，可以构建一种有临场感的、更直观友好的前台信息监控界面。这样，监控中心的工作人员或远程用户可以借助网络和虚拟环境身临其境地考察某一局部的生产过程或整个企业的运营情况。现场用户还可通过对虚拟对象的多层次监视和诊断，得到甚至连现场摄像也无法得到的内部状态的三维可视化造型，从而更直观、便捷地监视和操作底层的现场设备。在制造业，虚拟现实技术已被成功应用来进行虚拟设计、虚拟实验、虚拟装配和虚拟生产等。这项技术还可应用于服装、建筑、交通、军

128

事、计算机等诸多领域。

数字孪生是充分利用物理模型、传感器更新、运行历史等数据，集成多学科、多物理量、多尺度、多概率的仿真过程，在虚拟空间中完成映射，从而反映相对应的实体装备的全生命周期过程。数字孪生是一种超越现实的概念，可以被视为一个或多个重要的、彼此依赖的装备系统的数字映射系统。

美国国防部于 2011 年最早提出利用数字孪生技术，用于航空航天飞行器的健康维护与保障。首先在数字空间建立真实飞机的模型，并通过传感器实现与飞机真实状态完全同步，这样每次飞行后，根据结构现有情况和过往载荷，及时分析评估是否需要维修，能否承受下次的任务载荷等。

对于数字孪生的自动化系统，是通过内嵌的综合健康管理系统集成了传感器数据、历史维护数据，挖掘相关派生数据实现对实体设备的考察、评估和监控。通过对以上数据的整合，数字孪生可以持续地预测装备或系统的健康状况、剩余使用寿命以及任务执行成功的概率，也可以预见关键安全事件的系统响应，通过与实体的系统响应进行对比，揭示装备研制中存在的未知问题。数字

自动化的未来大有可为

孪生可能通过激活自愈的机制或者建议更改任务参数来减轻损害或进行系统的降级，从而提高寿命和任务执行成功的概率，从而实现产品从设计到维护全过程的数字化，通过信息集成实现生产过程可视化，形成从分析到控制再到分析的闭合回路，优化整个生产系统。

▶▶ 协同共享的自动化

随着网络世界的到来，未来世界物与物之间、实体与实体、系统与系统之间，也会形成相互协作共享合作机制。这种情况下，多智能体的协同自动化将得到深入研究。

多智能体系统是由多个相互关联的单智能体组成的集合，通过统一协调和相互配合来协同地完成一个任务或求解一个问题。例如，将每个机器人看作一个智能体，建立多智能体机器人协作系统，可实现多个机器人的相互协调与合作，完成复杂的并行作业任务。也可以将某个机器人中的多个子系统分别看作智能体，每个智能体都有各自的目标和任务，通过相互协调和信息共享，才能有效地完成总体任务。也可以将车辆、飞行器、计算机程序、制造过程的单个加工单元，甚至是一个生命组织等看作一个智能体,通过松散耦合相互作用来完成超过单个个体能力的某种任务的个体群体。

多智能体系统的主要研究内容为:多智能体系统的体系结构、多智能体系统间智能体的通信、多智能体系统间的协调和协作、基于多智能体的分布式智能控制或智能决策系统等。由于多智能体系统一般工作在复杂动态实时环境下,需要在时间和资源有限的情况下,进行交互通信、资源分配、任务调配、协调合作、冲突消解等工作,强调多个智能体之间的紧密群体合作,而非个体能力的自治和发挥,主要说明如何分析、设计和集成多个智能体构成相互协作的系统。

多智能体技术是人工智能技术的一次质的飞跃,是目前智能自动化领域中最重要的研究方向之一。尽管多智能体技术的研究和应用还处于起步阶段,各方面都不成熟,但该领域的研究非常活跃,发展相当迅速,应用范围也在不断扩大,涉及许多领域,包括远程通信、网络管理、机器人、电子商务、知识表示、问题求解、规划与决策和人机界面等。多智能体技术将是未来很有前途的一个自动化研究领域。

自动化的未来大有可为

▶▶ **全面感知的自动化**

随着网络时代的到来,对于实体的观测和感知,对其数字化、虚拟化就需要全面感知,需要采用大量的传感器。同样,自动化系统也需要包含传感与检测、通信、控制和执行等环节。传感器的运用是获取信息的主要环节。随着各种自动化系统的规模和复杂性不断增加,需要获取和处理的信息量越来越大、种类越来越多,因此迫切需要开发各种先进的传感与检测技术。近年来,微电子、微机械、新材料、新工艺与计算机、通信技术的结合创造出新一代的传感器与检测系统,未来的传感器具备的特点是微型化、数字化、智能化、仿生化和集成化。

微型化是指敏感元件的体积小,其尺寸一般为微米级,是由微机械加工技术制作而成,包括光刻、腐蚀、淀积、键合和封装等工艺。通过将微结构与特殊用途的薄膜和高性能的集成电路相结合,已成功制造出各种微传感器和多功能的敏感元件阵列,能够检测诸如压力、加速度、角速率、应力、温度、流量、成像、磁场、湿度、pH、气体成分、离子和分子浓度等变量。

数字化和智能化是指以专用微处理器控制的具有双向通信功能的先进传感器系统,微处理器按照给定的程序对传感器实施控制,并对检测信息进行处理,使传感器从单功能变成多功能,包括自补偿、自校正、自诊断、远程设定、状态组合、信息存储和记忆等功能。网络化是指现代传感与检测装置很多都具有联网和通信功能,组成传感器网络或传感器阵列,这些传感器可以相同或不同,可以分布在相同或不同的区域。例如,在被测量或被识别的目标具有多种属性或受多种不确定因素干扰的情况下,使用网络化的多种传感器协同完成共同的检测任务便是必然的选择,由此而衍生出的多传感器信息融合技术已成为当前的研究热点。

仿生化是通过对生物种种行为如视觉、听觉、感觉、嗅觉和思维等进行模拟,自动捕捉生物的上述信息、处理信息、模拟生物的行为装置,是近年来生物医学和电子学、工程学相互渗透发展起来的一种新型的信息技术。随着生物技术、生物新材料和工艺,以及其他技术的进一步发展,在不久的将来,模拟生物体征的仿生传感器不断进步,将能够代替或者超过人的五官能力,并不断完善机器人的视觉、味觉、触觉和对目标物体进行操作的能力。随着科技的不断进步,仿生传感器应用的前景会非常广阔。

集成化是把微传感器、微电子系统以及微执行器尽

自动化的未来大有可为

可能全部制造在一个芯片上形成单片集成，构成一个闭环系统。集成传感器形成阵列化，利用同类传感器组成阵列，可比单一传感器大幅度提高测量的可靠性和准确性。不同类型的传感器组成阵列，可获得一个功能优良的检测和控制单元。

近十年来传感与检测技术发展非常迅速，已出现了很多种新型传感器、新型检测手段以及内置 CPU 并具有网络功能的智能检测装置，包括无线传感网络、虚拟仪表（用软件方式实现仪表的功能）、软测量技术（通过软件，由可测变量计算出不可测变量）等，并获得广泛应用，利用现代物理学、生物电子学、纳米电子学以及各种新材料、新工艺等探索和发现新的传感原理，研制新的传感器件，包括集成度高的单片微传感器、阵列化传感器、智能分布式传感器、生物传感器。传感器是未来科技发展的重要领域之一，也是自动化实现的重要装置。未来新型、分布式、低功耗、灵敏的传感器，能够进行大规模的网状结构和组织。

▶▶深入智能的自动化

传统自动化追求的目标是"无人化"，而未来的自动化则追求更加深入的"智能自动化"和"综合自动化"，这种智能和综合，不仅仅是传统意义上生物智能的逻辑化和符号化，也不仅仅是人工智能的精确化和拟人化，而是人、机器、社会同在回路的群体性智能、体系性智能，我们将不再只是"站在巨人的肩膀上"，而是"站在全人类的智慧深处"，达成人和自动化系统的和谐统一。

无论现代自动化系统如何高明，其综合智能水平也无法与人相比，因此，人作为具有高级智慧的生命个体，应成为广义自动化系统的重要组成部分，充分发挥其在自动化过程中的作用，同时还要考虑其他与自动化系统相关的人员因素。对于一个生产企业来讲，自动化的范围不仅要从传统的仅仅考虑机器、设备和生产过程扩展到现今的全厂范围内的原材料供应、资金运作、资产优化、市场销售、综合效益等，还应考虑自动化系统的运行和管理人员、相关的组织机构和决策者、产品推销人员、供应商、客户等多种因素。

对于一个较复杂的系统，追求完全的"无人化"不仅意味着很高的成本、很大的代价，而且通常没有必要，同时在技术上也常常无法实现，即使能够实现，能达到的整体智能化水平也不高。因此人与自动化系统的有机结合将成为自动化应用的发展方向。

通过以上的梳理和对未来的展望，可以看出，自动化技术是 21 世纪社会发展最强劲的动力之一，也是工业 4.0 与智能制造的核心关键技术之一。在"中国制造2025"中明确提出实施制造强国战略，推进新一代信息技术与制造技术深度融合，实施智能制造工程。智能制造集成先进制造技术、信息技术和智能技术，以实现设计制造一体化、管控一体化和知识自动化。在《国家创新驱动发展战略纲要》等多个规划纲要中，数字化和智能化设计制造、流程工业的绿色化、自动化及装备、智能信息处理、智能机器人、智慧工厂等大量涉及自动化领域的技术方向被确定为优先发展主题和重点布局领域。各地方根据国家战略也制定地区的智能技术、数字技术的科技创新发展战略。一系列国家、地区和行业经济发展规划的发布与实施，表明在相当长时间内自动化专业将是国家科技发展的重要支撑，自动化人才的需求仍将十分旺盛。

阳春布德泽，万物生光辉。在"草树知春不久归，百般红紫斗芳菲"的创新春天里，自动化专业的同学和爱好者，心栖梦想，不负韶华，格物笃行，履践致远，相信未来一定大有作为、大有可为、大有所为！

参考文献

[1] SHIMON Y N. Handbook of Automation[M]. Berlin：Springer Press，2011.

[2] 安仲举. 智能机械设计制造自动化特点与发展趋势研究[J]. 中国设备工程，2020(3)：25-27.

[3] 柴天佑. 工业人工智能发展方向[J]. 自动化学报，2020，46(1)：2005-2012.

[4] 传奇翰墨编委会. 探索与发现——改变人类生活的科学奇迹[M]. 北京：北京理工大学出版社，2010.

[5] 戴先中. 自动化科学与技术学科的内容、地位与体系[M]. 北京：高等教育出版社，2003.

[6] 戴先中. 自动化学科(专业)的知识结构与知识体系浅析[J]. 中国大学教学，2005(2)：19-29.

[7] 戴先中. 论自动化专业本科生的知识、素质与能力

要求[J].电气电子教学学报,2007,29(1):1-5.

[8] 郭涛,马娇,陈正龙,等.浅谈机械工程智能化的现状及发展方向[J].南方农机,2021,52(1):103-104.

[9] 胡泽辰.我国自动化控制技术的现状和未来的期盼[J].科技风,2019(1):97.

[10] 马涛.ITS智能车辆控制系统研究与实现[D].南京:南京航空航天大学,2009.

[11] 孙怀义,莫斌,杨璟,等.工厂自动化未来发展的思考[J].自动化与仪器仪表,2019(9):92-96.

[12] 谭民,徐德,侯增广,等.先进机器人控制[M].北京:高等教育出版社,2007.

[13] 万百五.自动化(专业)概论[M].4版.武汉:武汉理工大学出版社,2019.

[14] 王翠.乘智能之风　创数据未来[J].现代制造,2020(18):12-13.

[15] 王田苗,陶永.我国工业机器人技术现状与产业化发展战略[J].机械工业学报,2014,35(1):40-43.

[16] 王阳阳.电气工程及其自动化的发展现状与前景探析[J].通讯世界,2020,27(1):256-257.

[17] 肖登明.电气工程概论[M].2版.北京:中国电力

出版社,2013.

[18] 赵东福.自动化制造系统[M].北京:机械工业出版社,2004.

[19] 赵耀.自动化概论[M].2版.北京:机械工业出版社,2014.

[20] 周洪,胡文山,张立明,等.智能家居控制系统[M].北京:中国电力出版社,2006.

参考文献

"走进大学"丛书书目

什么是地质?	殷长春	吉林大学地球探测科学与技术学院教授(作序)
	曾 勇	中国矿业大学资源与地球科学学院教授
		首届国家级普通高校教学名师
	刘志新	中国矿业大学资源与地球科学学院副院长、教授
什么是物理学?	孙 平	山东师范大学物理与电子科学学院教授
	李 健	山东师范大学物理与电子科学学院教授
什么是化学?	陶胜洋	大连理工大学化工学院副院长、教授
	王玉超	大连理工大学化工学院副教授
	张利静	大连理工大学化工学院副教授
什么是数学?	梁 进	同济大学数学科学学院教授
什么是大气科学?	黄建平	中国科学院院士
		国家杰出青年基金获得者
	刘玉芝	兰州大学大气科学学院教授
	张国龙	兰州大学西部生态安全协同创新中心工程师
什么是生物科学?	赵 帅	广西大学亚热带农业生物资源保护与利用国家重点实验室副研究员
	赵心清	上海交通大学微生物代谢国家重点实验室教授
	冯家勋	广西大学亚热带农业生物资源保护与利用国家重点实验室二级教授
什么是地理学?	段玉山	华东师范大学地理科学学院教授
	张佳琦	华东师范大学地理科学学院讲师
什么是机械?	邓宗全	中国工程院院士
		哈尔滨工业大学机电工程学院教授(作序)
	王德伦	大连理工大学机械工程学院教授
		全国机械原理教学研究会理事长
什么是材料?	赵 杰	大连理工大学材料科学与工程学院教授

什么是自动化？ 王　伟　大连理工大学控制科学与工程学院教授
　　　　　　　　　　国家杰出青年科学基金获得者（主审）
　　　　　　　王宏伟　大连理工大学控制科学与工程学院教授
　　　　　　　王　东　大连理工大学控制科学与工程学院教授
　　　　　　　夏　浩　大连理工大学控制科学与工程学院院长、教授
什么是计算机？ 嵩　天　北京理工大学网络空间安全学院副院长、教授
什么是土木工程？
　　　　　　　李宏男　大连理工大学土木工程学院教授
　　　　　　　　　　国家杰出青年科学基金获得者
什么是水利？ 张　弛　大连理工大学建设工程学部部长、教授
　　　　　　　　　　国家杰出青年科学基金获得者
什么是化学工程？
　　　　　　　贺高红　大连理工大学化工学院教授
　　　　　　　　　　国家杰出青年科学基金获得者
　　　　　　　李祥村　大连理工大学化工学院副教授
什么是矿业？ 万志军　中国矿业大学矿业工程学院副院长、教授
　　　　　　　　　　入选教育部"新世纪优秀人才支持计划"
什么是纺织？ 伏广伟　中国纺织工程学会理事长（作序）
　　　　　　　郑来久　大连工业大学纺织与材料工程学院二级教授
什么是轻工？ 石　碧　中国工程院院士
　　　　　　　　　　四川大学轻纺与食品学院教授（作序）
　　　　　　　平清伟　大连工业大学轻工与化学工程学院教授
什么是海洋工程？
　　　　　　　柳淑学　大连理工大学水利工程学院研究员
　　　　　　　　　　入选教育部"新世纪优秀人才支持计划"
　　　　　　　李金宣　大连理工大学水利工程学院副教授
什么是航空航天？
　　　　　　　万志强　北京航空航天大学航空科学与工程学院副院长、教授
　　　　　　　杨　超　北京航空航天大学航空科学与工程学院教授
　　　　　　　　　　入选教育部"新世纪优秀人才支持计划"
什么是生物医学工程？
　　　　　　　万遂人　东南大学生物科学与医学工程学院教授
　　　　　　　　　　中国生物医学工程学会副理事长（作序）
　　　　　　　邱天爽　大连理工大学生物医学工程学院教授
　　　　　　　刘　蓉　大连理工大学生物医学工程学院副教授
　　　　　　　齐莉萍　大连理工大学生物医学工程学院副教授

什么是食品科学与工程？
　　　　　　　　朱蓓薇　中国工程院院士
　　　　　　　　　　　　大连工业大学食品学院教授
什么是建筑？　齐　康　中国科学院院士
　　　　　　　　　　　　东南大学建筑研究所所长、教授（作序）
　　　　　　　　唐　建　大连理工大学建筑与艺术学院院长、教授
什么是生物工程？贾凌云　大连理工大学生物工程学院院长、教授
　　　　　　　　　　　　入选教育部"新世纪优秀人才支持计划"
　　　　　　　　袁文杰　大连理工大学生物工程学院副院长、副教授
什么是哲学？　林德宏　南京大学哲学系教授
　　　　　　　　　　　　南京大学人文社会科学荣誉资深教授
　　　　　　　　刘　鹏　南京大学哲学系副主任、副教授
什么是经济学？原毅军　大连理工大学经济管理学院教授
什么是社会学？张建明　中国人民大学党委原常务副书记、教授（作序）
　　　　　　　　陈劲松　中国人民大学社会与人口学院教授
　　　　　　　　仲婧然　中国人民大学社会与人口学院博士研究生
　　　　　　　　陈含章　中国人民大学社会与人口学院硕士研究生
什么是民族学？南文渊　大连民族大学东北少数民族研究院教授
什么是公安学？靳高风　中国人民公安大学犯罪学学院院长、教授
　　　　　　　　李姝音　中国人民公安大学犯罪学学院副教授
什么是法学？　陈柏峰　中南财经政法大学法学院院长、教授
　　　　　　　　　　　　第九届"全国杰出青年法学家"
什么是教育学？孙阳春　大连理工大学高等教育研究院教授
　　　　　　　　林　杰　大连理工大学高等教育研究院副教授
什么是体育学？于素梅　中国教育科学研究院体卫艺教育研究所副所长、研究员
　　　　　　　　王昌友　怀化学院体育与健康学院副教授
什么是心理学？李　焰　清华大学学生心理发展指导中心主任、教授（主审）
　　　　　　　　于　晶　曾任辽宁师范大学教育学院教授
什么是中国语言文学？
　　　　　　　　赵小琪　广东培正学院人文学院特聘教授
　　　　　　　　　　　　武汉大学文学院教授
　　　　　　　　谭元亨　华南理工大学新闻与传播学院二级教授
什么是历史学？张耕华　华东师范大学历史学系教授
什么是林学？　张凌云　北京林业大学林学院教授
　　　　　　　　张新娜　北京林业大学林学院副教授

什么是动物医学？	陈启军	沈阳农业大学校长、教授
		国家杰出青年科学基金获得者
		"新世纪百千万人才工程"国家级人选
	高维凡	曾任沈阳农业大学动物科学与医学学院副教授
	吴长德	沈阳农业大学动物科学与医学学院教授
	姜　宁	沈阳农业大学动物科学与医学学院教授
什么是农学？	陈温福	中国工程院院士
		沈阳农业大学农学院教授（主审）
	于海秋	沈阳农业大学农学院院长、教授
	周宇飞	沈阳农业大学农学院副教授
	徐正进	沈阳农业大学农学院教授
什么是医学？	任守双	哈尔滨医科大学马克思主义学院教授
什么是中医学？	贾春华	北京中医药大学中医学院教授
	李　湛	北京中医药大学岐黄国医班（九年制）博士研究生

什么是公共卫生与预防医学？

	刘剑君	中国疾病预防控制中心副主任、研究生院执行院长
	刘　珏	北京大学公共卫生学院研究员
	么鸿雁	中国疾病预防控制中心研究员
	张　晖	全国科学技术名词审定委员会事务中心副主任
什么是药学？	尤启冬	中国药科大学药学院教授
	郭小可	中国药科大学药学院副教授
什么是护理学？	姜安丽	海军军医大学护理学院教授
	周兰姝	海军军医大学护理学院教授
	刘　霖	海军军医大学护理学院副教授
什么是管理学？	齐丽云	大连理工大学经济管理学院副教授
	汪克夷	大连理工大学经济管理学院教授

什么是图书情报与档案管理？

	李　刚	南京大学信息管理学院教授
什么是电子商务？	李　琪	西安交通大学经济与金融学院二级教授
	彭丽芳	厦门大学管理学院教授
什么是工业工程？	郑　力	清华大学副校长、教授（作序）
	周德群	南京航空航天大学经济与管理学院院长、二级教授
	欧阳林寒	南京航空航天大学经济与管理学院研究员
什么是艺术学？	梁　玖	北京师范大学艺术与传媒学院教授

什么是戏剧与影视学？

	梁振华	北京师范大学文学院教授、影视编剧、制片人
什么是设计学？	李砚祖	清华大学美术学院教授
	朱怡芳	中国艺术研究院副研究员